走进优化之门：运筹学概览

马良 刘勇 魏欣 著

上海人民出版社

序

运筹学诞生于第二次世界大战时期的英国，战后在美国发展起来，并从军事领域延伸到民用领域，在企业经营、生产管理、工程设计、经济规划、交通运输、能源开发、城市布局、环境保护、农田种植、科学实验等各个方面，获得了大量富有成效的应用。

运筹学是研究如何合理运用、安排各种资源(如人力和物力等)，以寻求尽可能好的决策方案的一门综合性学科，其目的是为决策者作出最佳决策和行动方案提供科学依据。

运筹学作为管理科学与工程、系统工程、应用数学等一系列学科领域里的基础理论和思想方法，几十年来被广泛应用于社会经济的各行各业。目前，已成为大专院校中管理类专业最基本的核心课程，也是许多理工类专业的重要专业基础课。并且，随着人类科学技术的不断发展，在学科范畴上，也已发展起相当庞大的运筹科学体系，对相关科技领域以及国民经济发展都有着极其重要的方法论意义。

由于我国自20世纪50年代引入运筹学以来，该学科的传授脉络基本一直局限在高校系统，各种教科书的层次也都要求学习者具备相应的数学基础(高等数学、线性代数和概率论)，给一般读者造成了较大障碍。且面向广大普通读者的运筹学科普书极其匮乏，以致不少实际工作者根本不知运筹学为何物，极大地影响了运筹学思想与方法的普及、推广与应用。

本书旨在立足于初等文化程度要求，将读者引入运筹学领域，用较为浅易的方式，建立基本的优化思想方法概念，使更多的普通公众能了解运筹学乃至运用运筹学的思想方法来解决日常生活和工作中的优化问题。鉴于本书目的主要是科普,细节内容时有省略,读者如欲进一步学习,可参考相关的大学运筹学教科书。

感谢国家自然科学基金项目(71401106)、教育部人文社科规划基金项目(16YJA630037)、上海市高原学科建设项目和上海高校青年教师培养资助计划项目(ZZsl15018)对本书的支持!

参与本书部分工作的还有张惠珍(副教授),在此一并致谢。

作　者

2017 年 2 月 20 日

目　　录

第一章　历史渊源：第二次世界大战的副产品

第1节　发展历史概述

一、早期萌芽

运筹学的早期朴素思想在东西方都各有其雏形，如：公元前3世纪，阿基米德制定抵制罗马海军的围城计划，体现了当时西方人的运筹智慧；而我国春秋时期著名军事家孙武留下的《孙子兵法》则是最早体现中国古代军事运筹思想的的经典著作；战国时期的孙膑帮助齐将田忌赢得赛马胜利的故事业已成为一个脍炙人口的著名范例（可参看《史记・孙子吴起列传》）；另外，当时的“围魏救赵”等著名事件都充分体现了选择最佳时机、集中优势兵力、以小制大的运筹思维；公元前3世纪的楚汉相争，为汉高祖刘邦造就了一位“运筹帷幄之中，决胜千里之外”的著名谋士张良，为西汉王朝的创建立下了不朽功勋；三国时期的赤壁之战，给后人留下了诸葛亮、周瑜等人于“谈笑间，樯橹灰飞烟灭”中以弱胜强的又一个不朽战例；北魏时期由贾思勰写成的《齐民要术》一书，不仅是我国古代农业科学的杰出著作，也是一部蕴含丰富运筹思想的宝贵文献。

这里，讲述一个中国历史上著名的“丁谓建宫”故事。

大约1 000年前，我国北宋真宗年间，国都开封遭遇一场火灾，一夜之间，华丽的宫室楼台殿阁亭榭成了一片废墟。于是，宋真宗派丁谓主持全面修缮工程。由于皇宫位于国都腹地，人口密集，交通拥挤，且皇城属于砖木结构，建筑材料须从别处通过汴水运来，外加时间紧迫，工程难度极大。面对这项重大任务，丁谓必须解决三大问题：1.须将大火留下的大量废墟垃圾进行清理；2.须运进大批的木、石等建筑材料；3.要有大量的新土供施工使用。同时，在施工过程中，还不能影响城内

使以為齊竊載與之齊齊將田忌善而客待之忌數與齊
諸公子馳逐重射孫子見其馬足不甚相遠馬有上中下
輩于是孫子謂田忌曰君弟重射臣能令君勝田忌信然
之與王及諸公子逐射千金及臨質孫子曰今以君之下
駟與彼上駟取君上駟與彼中駟取君中駟與彼下駟
既馳三輩畢而田忌一不勝而再勝卒得王千金于是

图 1.1 《史记·孙子吴起列传》相关片段(四库全书版)

祥符中。禁中火。時丁晉公主營復宮室。患取土遠。公乃令鑿通衢取土。成巨塹。乃決汴水入塹中。
引諸道竹木排筏及船運雜材。盡自塹中入至宮門。事畢。卻以斥棄瓦礫實於塹中。復爲街衢。一
舉而三役濟。計省費以億萬計。

图 1.2 《梦溪笔谈之补笔谈卷二·权智》(商务印书馆民国二十六年版)

北宋东京城
卫州门
新酸枣门
陈桥门
外
城
固子门
里
城
万胜门
新曹门
新宋门
新郑门
新门
朱雀门
保康门
戴楼门
南薰门
陈州门

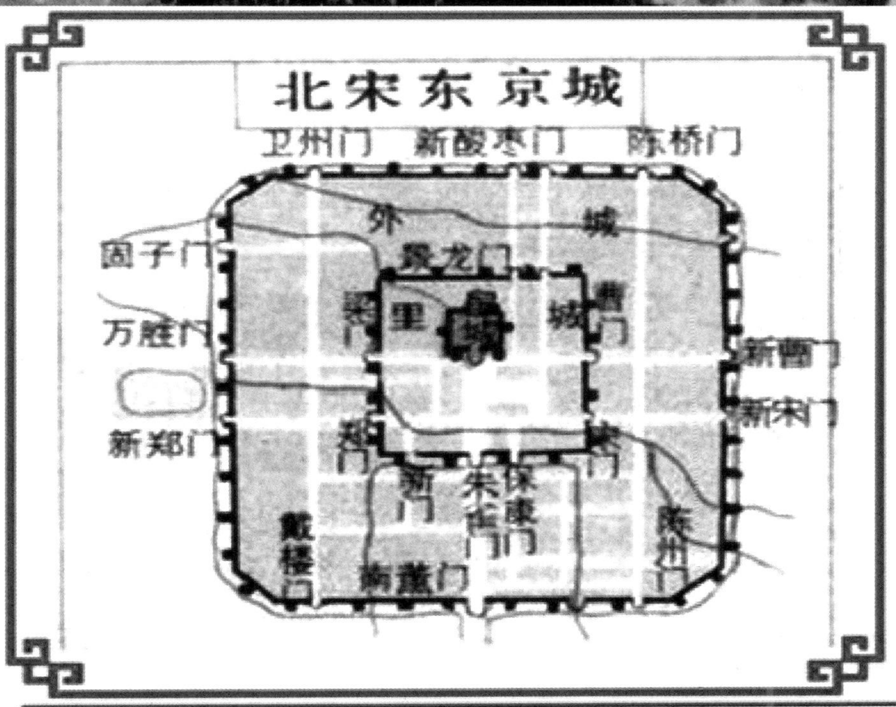

图 1.3　北宋皇城图

的交通和生活秩序。经反复思索,丁谓等人终于设计出一套科学的施工方案,圆满地解决了问题。他们的施工方案大致分为:第一步,从施工现场向外挖若干条大深沟,将挖出来的土作施工备用,解决新土问题;第二步,将汴河水从城外引入新沟,利用新沟形成一条水上运输线,木料、石料等用木排和船运进建筑工地,解决运输问题;第三步,建筑材料备好后,将大沟中的水排出,并把废墟垃圾填入沟中,使大沟重新成为平地。于是,整个工程巧妙地解决了取土之难、运输之难、清场之难,可谓"一石三鸟",使皇城重建工作事半功倍,体现了运筹学的朴素思想。

二、相关前期理论与技术

早在运筹学诞生之前,数学上就已经出现了一系列可以视作是某种铺垫的相关思想和技术。1738年,D.Bernoulli最早提出了"效用"的概念,并以此作为决策的标准。1777年,Buffon发现了用随机投针试验来计算π的方法,这是随机模拟方法(Monte-Carlo法)最古老的试验。1896年,V.Pareto首次从数学角度提出多目标优化问题,并引进了Pareto最优的概念。1909年,丹麦电话工程师A.K.Erlang开展了关于电话局中继线数目的话务理论的研究,并发表了将概率论应用于电话话务理论的研究论文"概率论与电话会话",开排队论研究的先河。1912年,E.Zermelo率先用数学方法来研究对策问题。1915年,F.W.Harris对商业库存问题的研究是库存论模型最早的工作。1916年,F.W.Lanchester发展起了关于战争中兵力部署的理论,这是现代军事运筹最早提出的战争模型。1921年,E.Borel引进了对策论中最优策略的概念,对某些对策问题证明了最优策略的存在。1926年,T.H.Boruvka最早发现了拟阵与组合优化算法之间的关系。

三、运筹学的诞生

尽管原始的运筹学思想起源甚至可以追溯到古老的年代,但真正意义上的运筹学,一般认为是诞生在第二次世界大战初期。

1935年,德国的空中力量对英国构成了日益严重的威胁,当时,英国所面临的一个迫切的任务就是如何把极其紧缺的资源更为有效地应用于军事活动中，因此，军事部门集中了一大批各学科的专家，研究用科学的方法处理各种军事战略和战术上的问题。

1940年，英国最早组成了从事军事事“作业研究”(Operational Research)或“运作分析”的被称为“Blackett马戏团”的研究小组，由Manchester大学教授、物理学家P.M.S.Blackett领导，该运筹小组由三位生理学家、两位数学物理学家、一位天体物理学家、一位陆军军官、一位测量员、一位普通物理学家和两位数学家组成，并由此初步形成了现代意义上的运筹学。

1941年，希特勒为实施在英伦三岛登陆的计划，命德国空军轮番对英国狂轰滥炸。当时英国皇家空军以一比七的数量劣势迎战，为尽可能使飞机处于飞行状态，空军司令部规定保持70%的飞机在空中巡逻。由于飞机(飞行员)的损失以及维护需要，该决策的后果是：在空中飞行的飞机越来越少。那么，究竟保持多大比例的飞机巡逻才能维持持久作战呢？运筹小组的数学家、物理学家纷纷研究这个问题。出乎意料的是，问题却被一个生物学家解决了。他按照计算生物平均寿命的方法，利用飞机飞行时间、维修时间、空战特点以及飞机被击落击损等数据，得到的结论是：仅需保持35%的飞机在飞行状态，就能使全部飞机的飞行战斗时间最多。这个出色的研究成果，最终为不列颠之战的胜利作出了贡献。

1942年，加拿大皇家空军组织了3个小组，并采用运筹学思想来为战争服务。同年，在美国也出现了类似的研究组织，并将他们的工作命名为“Operations Research”。这些军事运筹研究小组的工作从雷达系统的运行开始，一直到战斗机群的拦截战术，空军作战的战术评价，在建立有效的空防预警系统，反潜战中深水炸弹的效能研究，护航舰队保护商船队的编队等问题上都起了十分重要的作用，对英美等国赢得英伦三岛空战、太平洋岛屿战以及北大西洋战争的胜利都作出了重要的贡献。

1944年初，为帮助美国海军在连接大西洋和地中海的直布罗陀海峡封锁过往的德军潜艇，美军运筹小组提出了一种“屏障巡逻”的飞行战术。在深水航道的最窄处划出一个4英里长、1英里宽的长方形，用2架飞机保持在长方形两边线的对

图 1.4　直布罗陀海峡位置图 1

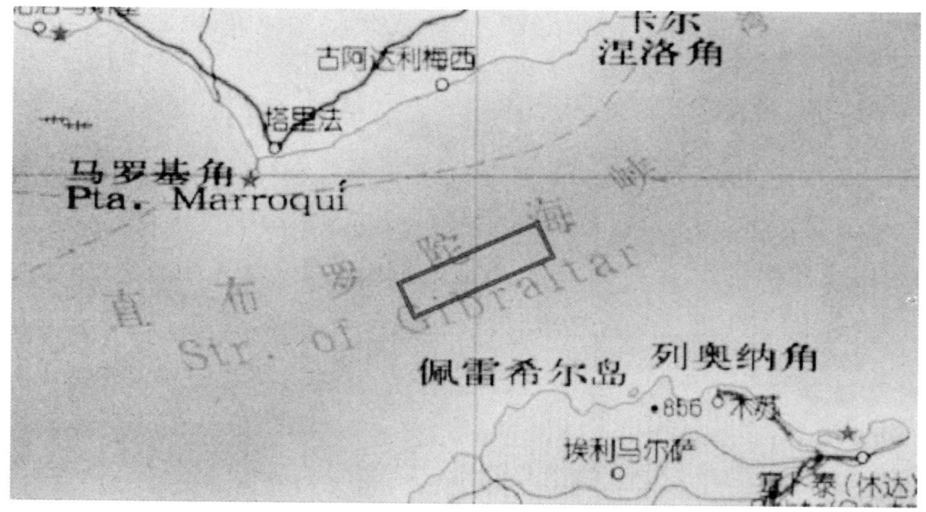

图 1.5　直布罗陀海峡位置图 2

称位置上，同时以 115 英里/小时的速度绕长方形飞行。如此，可以保证在长方形的每一点上，每隔 3 分钟就有一架飞机巡逻通过。当有潜艇通过该区域时，巡逻的飞机至少有两次发现机会。于是，在短短三个星期内，盟军击沉击伤德军潜艇 3 艘，自己无一伤亡。

可以看出，二战时期的运筹学主要就是为了应付迫在眉睫的战争运行问题而诞生的，但却为运筹学这门新兴学科的萌芽和发展作出了不可磨灭的历史性贡献。

运筹学从创建时期开始起就表现出其理论与实践结合的鲜明特点，在它的发展过程还充分表现出多学科的交叉结合，物理学家、化学家、数学家、经济学家、工程师等联合组织成研究队伍，各自从不同学科的角度出发，提出了各自对实际问题的认识和见解，促使解决大型复杂现实问题的新途径、新方法、新理论更快地形成。

四、运筹学的发展

1939 年，苏联的 Л.В.КАНТОРОВИЧ 基于其对生产组织的研究，写成《生产组织与计划中的数学方法》一书，是最早将线性规划应用于工业生产问题的经典著作。1944 年，J.Von Neumann 与 O.Morgenstern 的《对策论与经济行为》一书出版，标志着公理化对策论的形成，也为近代决策效用理论奠定了数学基础。1946 年，Von Neumann 等人在电子计算机上模拟了中子连锁反应，并称之为 Monte-Carlo 方法(也称随机模拟法)。1947 年，G.B.Dantzig 提出了单纯形方法，使得线性规划迅速成为一个独立的分支。1948 年，英国运筹学会成立。

第二次世界大战胜利后，美英各国不但在军事部门继续保留了运筹学的研究核心，而且在研究人员、组织的配备及研究范围和水平上，都得到了进一步的扩大和发展，同时，运筹学方法也向政府和工业等部门扩展。随着战后社会的发展与经济的繁荣，很多从事军事运筹学研究的科学家转向工业和经济发展等新的领域。

1949 年，著名的兰德公司成立。1951 年，P.M.Morse 和 G.E.Kimball 出版了对战时整个运筹学工作作系统专业总结的著作《运筹学方法》(*Methods of Operations Research*)。

1952 年 5 月，美国运筹学会成立，并创刊 *Operations Research* 杂志。1953 年，D.G.Kendall 发表的排队论经典论文，标志着现代排队论分支的形成。R.Bellman 提出动态规划并阐述了最优化原理。L.S.Shaply 研究了 Markov 决策过程。J.Kiefer 首次提出优选的分数法与 0.618 法（黄金分割法）。1956 年，法国运筹学会成立。1957 年 5 月，日本运筹学会成立。1958 年，美国杜邦公司在生产中首先运用 CPM（关键路线法），同时，PERT（计划评审技术）也独立地在美国海军北极星潜艇项目中开始发展起来。1959 年，国际运筹学联合会（IFORS）正式成立。

到 20 世纪 50 年代末，很多标准的运筹学方法，如动态规划、排队论、存储论等都已发展得相对成熟。促进这一时期运筹学蓬勃发展的另一因素是计算机技术的发展，因为运筹学中很多复杂问题需要大量的计算，通常情况下，这些计算用手工进行处理几无可能，因此，能够快速应对大量计算任务的计算机的出现和发展，极大地促进了运筹学的成长与发展。

运筹学引进中国是 20 世纪 50 年代中期由钱学森等前辈首倡的，并先后用过"统筹学"、"作业研究"、"运作研究"、"操作研究"等名称。1955 年，借用《史记》中的"运筹帷幄之中，决胜千里之外"，我国正式采用了"运筹学"的译名。1957 年，经钱学森倡导，成立了由许国志领导的国内第一个运筹学研究组，从此在我国开始了现代运筹学的研究。在 1959 年至 1960 年间，著名数学家华罗庚先后几次在《人民日报》和《光明日报》上发文，普及和宣传运筹学。此后，一大批中国学者在推广运筹学及其应用中作了大量工作，并取得了出色成绩，在世界上也产生了一定的影响。1980 年，中国数学会运筹学会成立（后于 1991 年升格为独立的一级学会"中国运筹学会"）。

经过近 50 年的发展，目前的运筹学已成为一个门类齐全、理论完善、有着重要应用前景的综合性、交叉性学科。

第 2 节　学科性质与分支

一、学科性质

英国运筹学会曾经对运筹学给出如下定义：

“运筹学是运用科学的方法，解决工业、商业、政府和国防事业中，由人、机器、材料、资金等构成的大型系统管理中所出现的复杂问题的一门学科。它的一个显著特点是科学地建立系统模型和对机会与风险的评价体系去预测和比较不同的决策策略与控制方法的结果，其目的是帮助管理者科学地确定其政策和行动。”

美国运筹学会则给出一个更为简单的定义：

“运筹学是一门在紧缺资源的情况下，如何设计与运行一个人—机系统的决策科学。”

P.M.Morse 和 G.E.Kimball 将运筹学定义为：

“为决策机构在对其控制下的业务活动进行决策时，提供以数量化为基础的科学方法。”

此外，在一些教科书中还有其他一些定义，如：“运筹学是一门应用科学，它广泛应用现有的科学技术知识和数学方法，解决实际中提出的专门问题，为决策者选择最优决策提供定量依据。”等等。

从这些定义不难看出，运筹学具有如下几个明显特点：

1. 以研究事物内在规律，探求把事情办得更好的一门事理科学。

2. 在有限资源条件下，研究人-机系统各种资源使用最佳化的一种科学方法。

3. 通过建立系统的数学模型，进行定量研究的一种分析方法。

4. 是多学科交叉，解决系统总体优化的系统方法。

5. 是解决复杂系统活动与组织管理中出现的实际问题的一种应用理论与方法。

6. 是评价、比较决策方案优劣的一种数量化决策方法。

运筹学主要包含三大部分：模型、理论和算法。无论是早期解决二战中的兵力部署和武器调配，还是生产组织问题或交通、通讯问题，相关领域的运筹学工作者都建立了各种各样的模型，在这些模型下逐步建立了比较完整的理论体系，提出了求解相应问题的各种类型的算法。

经过 60 多年的发展，运筹学已逐步形成了一套系统的解决和研究实际问题的方法，大致可概括为以下几个阶段：

1. 构建所关心问题的数学模型，将一个实际问题表示为一个运筹学问题。

2. 分析问题（最优）解的性质和求解问题的难易程度，寻求合适的求解方法。

3. 设计求解相应问题的算法，并对算法的性能进行理论分析。

4. 编程实现算法，并分析模拟数值结果。

5. 判断模型和解法的有效性，提出解决原始实际问题的方案。

这些阶段并不是相互独立的，也决非依次进行的。对于模型的开发是一种连续的研究、开发、分析、改进的过程，是一个原型化和呈螺旋状发展的过程，而不是一个单个事件。

总之，科学性、综合性、系统性和实践性是运筹学这门学科的四大特点。当然，运筹学也有其自身的弱点和局限性，主要问题是，在建立数学模型时，为了能够进行数学上的处理，常常要对实际情况进行简化或假设，因此，如果这种简化超过一定限度，就会使模型偏离实际，从而失去实用价值。

二、运筹学与系统工程

随着人类各种活动的日益多样化、复杂化和高级化，为实现某些目标，往往需要大量的人与设备等资源的高度组织和配合，这种组织的集合体就是实现特定目标的人造系统或复合系统。在这样的系统中，包含着人和物的多层次复杂关系，它们之间相互作用、相互影响、相互制约。如果把它们机械地凑合在一起，系统只能是个别事物的集合，丧失了应有的功能而成为一堆废物。如果将它们有机地组合起来，协调它们之间的关系，使系统中各元素、各部分不仅完成本身应担负的任务，还与其他元素和部分最有效地配合，以最佳的方式达到整个系统的目标。

系统工程学就是为了研究多个子系统构成的整体系统所具有的多种不同目标的相互协调，以期系统功能的最优化，并最大限度地发挥系统组成部分的能力而发展起来的一门科学。它是一种设计、规划、建立一个最优化系统的科学方法，是一种为了有效地运用系统而采取的各种组织管理技术的总称。

早在几千年前，系统工程的思想就已经在埃及的金字塔、中国的都江堰水利工程等项目实施中有所体现，但近代的系统工程可以认为是在19世纪初才起源于美国的。美国的贝尔电话公司于1940年正式采用了“系统工程”的名称，他们在发展美国微波通讯网时应用了一套系统工程的方法论，并取得了良好效果。二次世界大战期间出现的运筹学，更为系统工程奠定了理论基础，并提供了解决实际问题的有效方法。

运筹学与系统工程的关系极为密切，它是系统工程的主要理论基础。早期的有关系统工程理论的教科书大多都以教授运筹学为其主要内容，尽管20世纪90年代以后，系统工程中结构化模型技术、系统分析、系统评价、系统仿真等技术已发展得较为成熟而自成体系，但运筹学的各个分支仍然是处理系统优化的主要技术手段。

就广义理解，运筹学与管理科学/决策科学、系统科学/系统工程、工业工程/工程管理、运作管理等都有着密切的联系，甚至在一些国家和地区，运筹学与管理科学以及系统工程都没有特别明确的区分。如果按狭义理解，则运筹学就仅仅是所谓的运筹数学，包含了规划论、对策论等具体优化技术。

三、运筹学的主要分支

运筹学是由解决不同领域优化问题的理论与方法构成的，其主要分支有：

1. 规划论：这是运筹学的一个主要分支，包括线性规划、非线性规划、整数规划、目标规划、动态规划等。它是在满足给定约束条件下，按一个或多个目标来寻找最优方案的数学方法，其应用领域十分广泛，在工业、农业、商业、交通运输业、军事、经济计划和管理决策中都可以发挥重要作用。

2. 图论与网络优化：图是研究离散事物之间关系的一种分析模型，具有形象化的特点，因此更容易为人们所理解。由于求解标准网络模型已有成熟的特殊解法，在解决交通网、管道网、通讯网等方面的优化问题上具有明显的优势，因此，其应用领域也在不断扩大。

3. 决策论：这是为了科学地解决带有不确定性和风险性决策问题所发展的一

套系统分析方法，其目的是为了提高科学决策的水平，减少决策失误的风险，主要应用于经营管理工作的高中层决策中。

4. 对策论：又称博弈论，是一种研究在竞争环境下决策者行为的数学方法。在社会政治、经济、军事活动中，以及日常生活中都有很多竞争或斗争性质的场合与现象。在这种形势下，竞争双方为了达到各自的利益和目标，必须考虑对方可能采取的各种行动方案，然后选取一种对自己最有利的行动策略。对策论就是研究双方是否都有最合乎理性的行动方案，以及如何确定合理行动方案的理论与方法。

5. 存贮论：又称库存论，是研究经营生产中各种物资应在什么时间、以多少数量来补充库存，才能使库存和采购的总费用最小的一门学科，在提高系统工作效率、降低产品成本上具有重要作用。

6. 排队论：这是一种研究公共服务系统运行与优化的数学理论与方法，通过对随机服务现象的统计研究，找出反映这些随机现象的平均特性，从而研究提高服务系统水平和工作效率的方法。

此外，运筹学中还包括了模拟/仿真理论、可靠性理论、多目标规划、随机规划、组合优化、搜索理论、最优控制理论等，甚至还有模糊系统理论、管理信息系统/决策支持系统、人工智能理论与技术等来自其他学科的思想方法。

四、重点应用领域

1. 市场销售：在广告预算和媒体的选择、竞争性定价、新产品开发、销售计划的制定等方面。如：美国杜邦公司在20世纪50年代起就非常重视研究如何做好广告工作、产品定价和新产品的引入。

2. 生产计划：在总体计划方面主要是确定生产、储存和劳动力的配合等计划以适应变动的需求。此外，还有生产作业计划、日程表的编排等，以及在合理下料、配料问题、物料管理等方面的应用。

3. 库存管理：将库存理论与物料管理信息系统相结合，主要应用于多种物料库存量的管理，确定某些设备的能力或容量等。

4. 运输问题：涉及空运、水运、公路运输、铁路运输、捷运、管道运输和厂内运输等，包括班次调度计划及人员服务时间安排等问题。目前，电子商务下快递配送服务更是重点关注的运输问题。

5. 财政和会计：涉及预算、贷款、成本分析、定价、投资、证券管理、现金管理等。用得较多的方法有：统计分析、数学规划、决策分析。此外，还有盈亏点分析法、价值分析法等。

6. 人事管理：大致涉及(1)人员的获得和需求估计；(2)人才的开发，即进行教育和训练；(3)人员的分配，主要是各种指派问题；(4)各类人员的合理利用问题；(5)人才的评价，其中有如何测定一个人对组织、社会的贡献；(6)薪资和津贴的确定等。

7. 设备维修、更新和可靠度、项目选择和评价：如电力系统的可靠度分析、核能电厂的可靠度以及风险评估等。

8. 工程最优化设计：在土木、建筑、水利、信息、电子、电机、光学、机械、环境和化工等领域都有这方面的应用。

9. 计算机和信息系统：主要应用于计算机的主存储器配置，不同排队规则对磁盘、磁鼓和光盘工作性能的影响等等。

10. 城市管理：包括各种紧急服务救难系统的设计和运用。如消防队救火站、救护车、警车等分布点的设立。此外，还有城市垃圾的清扫、搬运和处理；城市供水和污水处理系统的规划等等。

目前，运筹学正朝着三个大方向在不断发展：运筹学应用、运筹科学和运筹数学。

思 考 题

1. 试着发现和整理自己身边的运筹学问题。

2. 阐述运筹学与其他学科的关系。

第二章　计划的重要：用线性规划武装起来

第1节　概述

一、历史发展

企业经营中，人们总是希望充分利用各种有限资源（诸如人力、物力、能源、设备、资金及时间等）来最大限度地完成各项指标，以获得最佳经济收益（如成本最低、产值最高与利润最大等）。例如，在制定物资调运计划时，需要考虑如何合理调度车辆，尽量减少车辆的空驶，提高车辆的里程利用率；或如何合理调运物资，使总的运费最省，等等。线性规划主要就是研究诸如此类问题的一个重要运筹学分支，这样的问题广泛出现在生产组织、交通运输、城市规划、投资决策与国防工业等国民经济的许多领域中。

线性规划诞生于1938年的苏联列宁格勒（现俄罗斯圣彼得堡），当时，年轻的苏联数学家康托洛维奇（Л.В.Канторович）因接手研究一家木材加工企业的机床制订工作而发现了经济领域中的线性规划模型。1939年，康托洛维奇正式出版了《生产组织与计划中的数学方法》一书。遗憾的是，康托洛维奇的成果几乎同时遭到数学界和企业界的反对与质疑。康托洛维奇于14岁时就考入列宁格勒大学数学系，18岁毕业，22岁任列宁格勒大学教授。他在线性规划方面的贡献直到很久以后才被苏联当局认识到，并被选为苏联科学院院士，荣获列宁勋章。

1947年，美国数学家丹齐格（G.B.Dantzig）提出线性规划问题的单纯形求解方法。

1951年，美国经济学家库普曼斯（T.C.Koopmans）率先将线性规划应用到经济领域。库普曼斯于1910年出生于荷兰，17岁进大学学习数学和物理学，1936年获数理经济学博士学位，1940 年因躲避纳粹德国的战祸而移居美国。1942 年，在为船队制订运输方案时，发展了一套“活动分析”方法（即线性规划），并引入了“影子价格”的概念。由于战时保密需要，库普曼斯的成果一直到战后才得以公开。他与丹齐格一起商定使用了“线性规划”这一名词，并带头与苏联学术界进行交流，使康托洛维奇在线性规划方面的开创性工作开始广为人知。

1950—1956 年，线性规划对偶理论出现。

1960 年，丹齐格与 Wolfe 提出了大规模线性规划问题的分解算法。

1975 年，康托洛维奇与库普曼斯因“最优资源配置理论的贡献”而共同荣获该年的诺贝尔经济学奖。在获奖演说中，他们都提到了 Dantzig 对线性规划的重要贡献。

1978 年，苏联数学家哈奇杨（Хачиян）首次提出求解线性规划问题的多项式时间算法（椭球算法），具有重要的理论意义，并于 1979 年 11 月 7 日被美国《纽约时报》头版报道。

1984 年 11 月 19 日，《纽约时报》又在其头版报道，美国电话电报公司 Bell 实验室工作的印度裔数学家卡玛卡（Karmarkar）取得惊人突破，提出了可以有效求解实际线性规划问题的多项式时间算法（后被命名为 Karmarkar 算法）。

线性规划从 20 世纪 40 年代前后创始至今，其理论的完整、方法的多样、应用的广泛，都远较运筹学的其他分支来得成熟。最常用的由美国数学家 Dantzig 于 1947 年提出的求解方法——单纯形法，迄今为止仍是一般意义下实际求解线性规划最为有效的方法，被誉为 20 世纪最好的十个算法之一。尽管后来又陆续出现一系列新的方法，如椭球法（Хачиян 法）以及以 Karmarkar 算法为基础的内点法等，但在实用上仍未完全取代单纯形法。

目前，线性规划的发展几乎已被人们认为是 20 世纪中叶最重要的科学进步之一，且在应用领域已成为一种标准的工具。

二、重要人物

1. G.B.丹齐格

出生于 1914 年 11 月 8 日的著名美国数学家丹齐格（George Bernard Dantzig），

在 1947 年提出了具有划时代意义的线性规划求解方法——单纯形法，并因此而被誉为线性规划之父。

关于 G.B.丹齐格，一直流传着一个传奇的励志故事。据说他在学生时代因上课迟到，看到老师 Neyman 教授写在黑板上的两道题，以为是课外作业，就抄了下来。在做的过程中，丹齐格感到很困难，最后，用了几周的时间才算完成，为此他还特意向教授道歉。而大吃一惊的 Neyman 教授却激动地告诉丹齐格，他成功地破解了两个当时尚未解决的统计学难题！后来，这两道题成为其博士论文的主要内容，并与线性规划有着直接的联系。

第二次世界大战的爆发中断了丹齐格的研究生学习，他成了美国空军总部统计控制的战斗分析处主任，处理供应链的补给和管理成千上百的人员与物资。1946 年，丹齐格获加州大学柏克莱分校博士学位。

在构建其线性规划模型和算法过程中，丹齐格得到了著名数学家、计算机理

图 2.1　1976 年美国总统福特给丹齐格授予美国国家科学奖

论奠基人以及博弈论创始人冯诺依曼(John Von Neumann)的大力帮助，并从Koopmans那里获得支持和鼓励。

1952年，丹齐格任职兰德公司，并在公司电脑上开始运行线性规划。1960年，被母校聘为计算机科学教授，并担任运筹学中心主任。1966年起，任职斯坦福大学直至1990年代退休。

G.B.丹齐格曾先后获得1974年的首届Von Neumann奖、1976年的美国国家科学奖，并被选为美国科学院院士、美国工程院院士和美国艺术科学院院士。

美国数学规划学会为表彰丹齐格，专门设立了丹齐格奖，自1982年起，每三年颁给一至两位在数学规划领域做出突出贡献的人。

2005年5月13日，一代传奇人物丹齐格因糖尿病和心血管疾病并发症病逝于家中。

左为康托洛维奇 Леонид Витальевич Канторович(1912—1986)，1975年获诺贝尔经济学奖；
右为库普曼斯 T.C.Koopmans(1910—1985)，1975年获诺贝尔经济学奖；
中为丹齐格 G.B.Dantzig(1914—2005)

图2.2　线性规划的三位开创者

2. Л.Г.哈奇杨

哈奇杨(Леонид Генрихович Хачиян 1952.5.3—2005.4.29)是前苏联的一位亚美尼亚裔数学家,1979 年以提出线性规划的椭球算法而闻名于世。哈奇杨出生于圣彼得堡,9 岁时随父母移居莫斯科。并分别于 1978 年和 1984 年获苏联科学院计算中心的计算数学博士学位和计算机科学博士学位。1982 年,哈奇杨同时获得美国数学会的杰出论文奖和数学规划学会的 Fulkerson 奖。移居美国之前,哈奇杨一直在苏联科学院计算中心以及莫斯科物理与技术研究所从事教学和科研工作。1989 年,Хачиян 作为访问教授进入美国 Cornell 大学的运筹学与工业工程学院。1990 年之后,转入 Rutgers 大学任职直至 2005 年病故。

图 2.3　苏联数学家哈奇杨

3. N.K.卡玛卡

出生于 1957 年的卡玛卡(Narendra Krishna Karmarkar)是一位印度裔的著名数学家,他于 1983 年获美国加州大学伯克莱分校的计算机科学博士学位,导师为运筹学家 R.M.Karp 教授。1984 年,当时在美国 Bell 实验室工作的卡玛卡提出了求解线性规划的多项式时间算法(后来以他的名字命名),并由此铸就了线性规划的内点类算法。自 1978 年起,卡玛卡至少获得了十几项印度和美国的各种大奖,其中包括:印度总统金质奖章、美国数学会与数学规划学会的 Fulkerson 奖、美国运

图 2.4　印度裔数学家卡玛卡

筹学会的 Lanchester 奖等。

第 2 节　数学模型

成功使用线性规划的前提之一是合理地构造问题的数学模型，这里，给出运筹学（包括线性规划）建模的一般步骤：

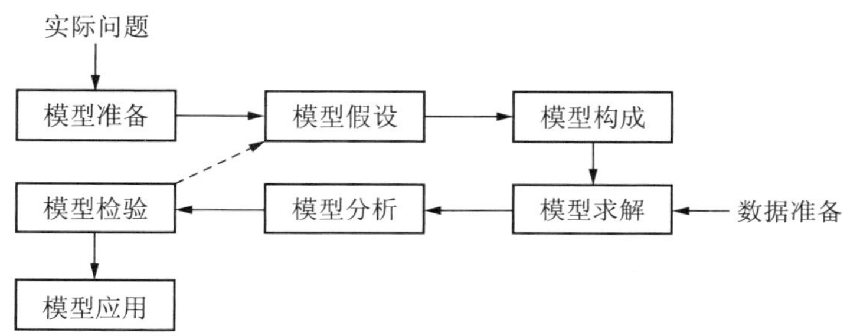

图 2.5　数学建模流程

下面，通过几个简单的范例来说明什么是线性规划以及如何构造问题的数学模型。

一、数学建模范例

【例 2.1】（生产计划问题）某工厂生产 A、B 两种产品，其成本决定于所用的材料。已知单位产品所需材料量以及材料日供应量如下表所示。若 A、B 产品售出后的每单位净收益分别为 31 元和 22 元，问：工厂应如何安排生产，才能使所获总利润最大？

表 2.1

材　料	A	B	日供应量
a	6	2	180
b	4	10	400
c	3	5	210

【解】 设工厂日产 A、B 产品数量分别为 x_1、x_2 单位，可获总利润为 z 元，则有

$$z = 31x_1 + 22x_2$$

由于材料 a 的日供应量为 180，这是一个限制产量的条件，因此在确定 A、B 产品产量时，须考虑到 a 的材料总量不能超出其日供应量，即可用不等式表示为

$$6x_1 + 2x_2 \leqslant 180$$

同理，对材料 b、c，可得以下不等式

$$4x_1 + 10x_2 \leqslant 400$$

$$3x_1 + 5x_2 \leqslant 210$$

又因产品的生产数量不可能是负数，故有

$$x_1 \geqslant 0,\ x_2 \geqslant 0$$

由此，问题变为，应怎样选择 x_1、x_2，在满足上述一系列条件下，使得总利润 z 最大，其数学模型可表述为如下形式：

求 x_1、x_2，满足

$$\begin{cases} 6x_1 + 2x_2 \leqslant 180 \\ 4x_1 + 10x_2 \leqslant 400 \\ 3x_1 + 5x_2 \leqslant 210 \\ x_1,\ x_2 \geqslant 0 \end{cases}$$

使得 $z = 31x_1 + 22x_2$ 取得最大值，通常可记为

$$\max z = 31x_1 + 22x_2$$

【例 2.2】 (一维下料问题)有一批长为 7.4 m 的圆钢，需用来截成长为 2.9 m、2.1 m、1.5 m 三种规格的材料，依次各需 100 根、100 根、200 根。问：应如何合理下料，才能使所用圆钢根数最少？

【解】 将一根圆钢截成所需的三种规格材料，所有可能的截法共有 8 种，如下表所示：

表 2.2

截　法	2.9 m	2.1 m	1.5 m	料头(m)
1	2	0	1	0.1
2	1	2	0	0.3
3	1	1	1	0.9
4	1	0	3	0.0
5	0	3	0	1.1
6	0	2	2	0.2
7	0	1	3	0.8
8	0	0	4	1.4

显然，为节省圆钢，不能用一根圆钢只截一段一种规格的材料，而应采用合理的套截方法。为此，必须综合考虑这八种截法。

设 x_j 为第 j 种 $(j = 1, 2, \cdots, 8)$ 截法所用圆钢的根数，z 为所用圆钢的总根数，则有

$$z = x_1 + x_2 + \cdots + x_8$$

在确定各种截法的根数时，必须使所截三种规格材料的数量满足规定要求，即长为 2.9 m、2.1 m、1.5 m 的材料依次分别为 100 根、100 根、200 根，这些限制条件可表成下列各等式：

$$2x_1 + x_2 + x_3 + x_4 = 100$$

$$2x_2 + x_3 + 3x_5 + 2x_6 + x_7 = 100$$

$$x_1 + x_3 + 3x_4 + 2x_6 + 3x_7 + 4x_8 = 200$$

由于采用任何一种截法所需的圆钢根数不可能是负数，故有

$$x_j \geqslant 0 \ (j = 1, 2, \cdots, 8)$$

由此，下列问题的数学模型可归结为：

求 $x_j(j=1, 2, \cdots, 8)$，使得

$$\min z = x_1 + x_2 + \cdots + x_8$$

且满足

$$\begin{cases} 2x_1 + x_2 + x_3 + x_4 = 100 \\ 2x_2 + x_3 + 3x_5 + 2x_6 + x_7 = 100 \\ x_1 + x_3 + 3x_4 + 2x_6 + 3x_7 + 4x_8 = 200 \\ x_j \geqslant 0\ (j = 1, 2, \cdots, 8) \end{cases}$$

二、线性规划一般形式

从上述案例可以看出，它们属于一类具有共同特征的优化问题，即，其数学模型都是求一组非负变量，在满足一组以线性等式或线性不等式所表示的限制条件下，使一个线性函数取得最优值（最大值或最小值），称这类问题为线性规划（Linear Programming），简记 LP。

一般线性规划的数学模型可表示成如下形式：

$$\max z(\min f) = \sum_{j=1}^{n} c_j x_j$$

$$\text{s.t.} \begin{cases} \sum_{j=1}^{n} a_{ij} x_j \leqslant (=, \geqslant)\ b_i (i = 1, 2, \cdots, m) \\ x_j \geqslant 0\ (j = 1, 2, \cdots, n) \end{cases}$$

其中，各 a_{ij}、b_i、$c_j(i=1, 2, \cdots, m;\ j=1, 2, \cdots, n)$ 都是确定的已知常数，$x_j(j=1, 2, \cdots, n)$ 称为决策变量，z 称为目标函数，a_{ij} 称为技术系数，$b_i(i=1, 2, \cdots, m)$ 称为资源系数（或右侧项），c_j 称为价值系数（或目标系数）。

可以看到，所有约束条件及目标函数都是变量的线性表达式，这正是线性规划名词中“线性”二字的由来。对不同的问题而言：约束条件可以是线性方程，也可以是线性不等式（≤或≥），有的问题中某些决策变量甚至可取负值；目标函数有时出现求最小值，有时则是求最大值。

第 3 节　图解法

对于只有两个决策变量的线性规划问题，可以用图解法进行求解。该方法不仅能求得最优解，更重要的是，其中某些结论带有普遍性，对于理解任意一个决策变量 LP 问题的规律性，具有直观意义。

首先，引入有关的基本概念以便叙述解法。

称满足约束条件的任一解为可行解；所有可行解组成的集合为可行域；使目标函数取得最优值的可行解为最优解，记作 X^*；最优解对应的目标函数值为最优值，记作 z^*。

考虑例 2.1 给出的只有两个变量的线性规划：

$$\max z = 31x_1 + 22x_2$$

$$\text{s.t.} \begin{cases} 6x_1 + 2x_2 \leqslant 180 \\ 4x_1 + 10x_2 \leqslant 400 \\ 3x_1 + 5x_2 \leqslant 210 \\ x_1,\ x_2 \geqslant 0 \end{cases}$$

这里，用直观的图解法进行求解，其思路是：

先在直角坐标系 Ox_1x_2 平面上画出可行域，这是由同时满足约束条件的点组成的集合，其中，非负约束确定了可行域在第一象限，所求的最优解是使目标函数取得最优的可行域上的点。

例中约束条件共有 5 个不等式，分别表示 5 个半平面，以第一个不等式 $6x_1 + 2x_2 \leqslant 180$ 为例，先在平面上作直线 $6x_1 + 2x_2 = 180$ 的图像，将平面划分成左、右两个半平面。显然，原点的坐标 $x_1 = 0,\ x_2 = 0$ 满足这个不等式，因此，包含原点的该直线左半平面即为所求；用同样方法，可求出其他四个半平面。

最后，可行域 R 就是这 5 个半平面的交集，即图 2.5 中的凸多边形 $OABCD$；换言之，在 R 的内部与边界上，每一点都满足所有的约束条件。

因此，最优解必是使 z 有最大值的 R 上的点。

给 z 一确定值，例如 $z = z_0$，则 $31x_1 + 22x_2 = z_0$ 是平面上一直线，且此直

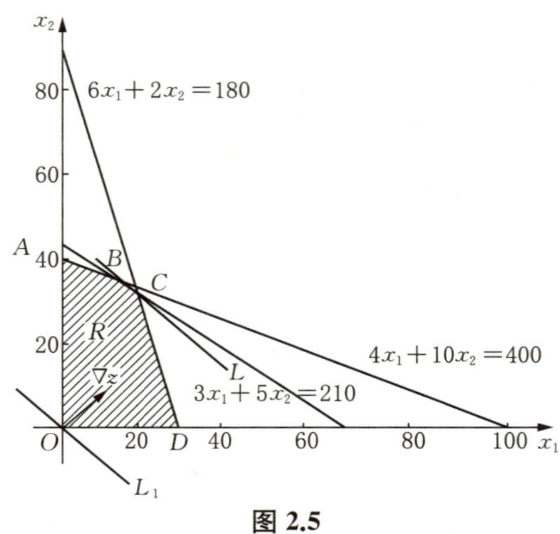

图 2.5

线上的任一点都使目标函数取同一值 z_0。当 z 取值 z_1 时，就得到直线 $31x_1+22x_2=z_1$。显见，对于不同的 z 值，都对应一簇互相平行的直线。为此，只需将直线 $31x_1+22x_2=z$ 正向平行移动，其与边界接触而将离未离 R 时即为所求(图中过 C 点的直线 L)，C 点为最优值点，它是直线 BC 与 CD 的交点，解方程组

$$\begin{cases}3x_1+5x_2=210\\6x_1+2x_2=180\end{cases}$$

得 $X^*=(20,\ 30)^{\mathrm{T}}$，此时目标函数取最大值 $z^*=31\times20+22\times30=1\,280$。

因此，例 2.1 的最优解为：当生产 A 产品 20 单位，B 产品 30 单位时，工厂可获得最大利润 1 280 元。

由图解法可看出：两个变量线性规划的可行域一般是凸多边形(有界或无界)；若存在最优解，则一定可在可行域的某顶点上找到；若在两个顶点上同时得到最优解，则这两个顶点连线上的任一点都是最优解；若可行域无界，则可能发生无界解的情况，亦称为最优解不存在，或称为无最优解。

由图解法得到的结果，可进一步推广到一般情况(具体论证略)：

【结论 1】 LP 约束条件所构成的集合为一凸集合，只有两个变量时为凸多边形。

【结论 2】 若 LP 有最优解，则在约束条件所构成的凸集合上，至少有一顶点是其最优解。

【结论 3】 LP 解的情形，可以是唯一最优解，可以是无穷多个最优解，也可以没有最优解，其约束条件构成的集合可以是空集(即没有可行解)。

求解线性规划的图解法虽然直观简便，但对多于两个变量的情况不适用。一般意义上的通用求解方法，要么是单纯形法，要么是内点算法，目前的主流商用软件中都至少包含有这两种算法中的某一种。鉴于这两种求解算法都需要至少大学以上的数学基础，此处一并从略。

第 4 节　对偶规划

一、问题提出

例 2.1 的生产计划问题，原是在三种材料数量有限的条件下，如何安排两种产品的生产，以使获得的总利润最大。现在，我们换一个角度来讨论这个问题。

假设工厂既可以用材料 a、b、c 来生产产品 A、B，也可以不生产产品而转手出售材料以获利。当然，产品投入市场销售可得一定的利润(单利 A 为 31 元，B 为22 元)。但是，若正逢产品滞销而材料却广为紧缺的时候，则可将材料直接出售给愿出高价的急需者，也许获利会更丰厚或至少一样。于是，依据多渠道灵活经营的方针，工厂的决策者在制订生产产品计划的同时，也考虑同时试作一个出售材料的计划，以便对两种经营方式所产生的效益进行数量分析与比较，从而作出最有利于工厂的决策。

设 x_1、x_2 为生产产品 A、B 的件数，则原生产计划问题的线性规划模型为

$$\max z = 31x_1 + 22x_2$$

$$\text{s.t.} \begin{cases} 6x_1 + 2x_2 \leqslant 180 \\ 4x_1 + 10x_2 \leqslant 400 \\ 3x_1 + 5x_2 \leqslant 210 \\ x_1,\ x_2 \geqslant 0 \end{cases}$$

现设 y_1、y_2、y_3 各为出售材料 a、b、c 的单位利润(售价与成本之差)。按工厂经营原则,决策者当然要求出售原来用于一个单位产品的材料数量所获利润不能低于制成产品销售后所获利润,于是有下列约束条件

$$\begin{cases}6y_1+4y_2+3y_3\geqslant 31\\2y_1+10y_2+5y_3\geqslant 22\\y_i\geqslant 0(i=1,2,3)\end{cases}$$

显然,凡是采取满足上述约束条件的出售材料计划所得的单位利润,都能保证工厂获得不低于生产单位产品所得的利润。注意到工厂每日可售出材料 a、b、c 的数量各为 180、400、210,所以日总利润为 $f=180y_1+400y_2+210y_3$。

决策者认识到,为吸引客户前来购买材料,必须增强与其他众多出售同样材料对手的竞争力,不能漫天要价。众所周知,价格(利润与成本之和)越低,竞争力越强,然而获利亦越少。决策者须了解在满足约束的条件下,什么价格将只得到最低利润,以做到洽谈时心中有数。如果低于临界价格,工厂依旧生产产品来销售,比直接出售材料获利更大;等于临界价格,工厂既可生产产品销售,也可出售材料,获利相同;高于临界价格,工厂宁可出售材料,这要比生产产品销售获利更大。这个临界价格在经济学中称为影子价格,据此就能决定买卖材料双方生意能否成交,其最低利润无疑是工厂可以接受的竞争力最强的条件,因此,这是一个目标函数 f 求最小值的优化问题。

综上所述,即可得到新问题(售料计划)的线性规划模型:

$$\min f=180y_1+400y_2+210y_3$$

$$\text{s.t.}\quad\begin{cases}6y_1+4y_2+3y_3\geqslant 31\\2y_1+10y_2+5y_3\geqslant 22\\y_i\geqslant 0(i=1,2,3)\end{cases}$$

将该线性规划称为原线性规划的对偶规划。

一般的矩阵形式描述从略。

二、基本性质

原规划与对偶规划之间的关系并非仅是形式上的对称，更重要的是，两个规划的解之间存在着紧密的共生关系，从而为求解线性规划开辟了一条新的途径。这种紧密联系具体反映在下列三条重要性质之中。

【性质 1】 （对称性）对偶规划的对偶是原规划。

【性质 2】 （最优性）设 X、Y 各为原规划与对偶规划的一个可行解，且有 $z(X)=f(Y)$，则 X、Y 必为最优解。

【性质 3】 （强对偶性）原规划与对偶规划同有最优解，且两者最优值相等。

推导证明从略。

三、影子价格

前面在讨论生产计划（原规划）与售料计划（对偶规划）的实例时，已涉及经济学上影子价格的概念，它实际上是对资源的一种估价，这种估价是针对具体企业的具体产品在具体时期所存在的一种潜在价格。在市场经济的条件下，当某种资源的市场价格低于企业内部确定的影子价格时，企业应买进该资源进行扩大生产；当某种资源的市场价格高于企业内部确定的影子价格时，企业可卖出该资源以获取更大利润。总之，影子价格对市场有调节作用，可以理解为经济上的“看不见的手”。

一般地，影子价格可以写成：

$$y_i=\frac{\Delta Z}{\Delta b_i}=\frac{\text{最大利润增量}}{\text{第 } i \text{ 种资源增量}}=\text{第 } i \text{ 种资源的边际利润}$$

并具有下述性质：

（1）影子价格越大，说明这种资源越是相对紧缺。

（2）影子价格越小，说明这种资源相对不紧缺。

(3) 若最优计划下某种资源有剩余,则该资源的影子价格一定为零。

四、灵敏度分析

在线性规划模型中,起关键作用的数据有:

a_{ij}——技术系数

b_i——资源系数

c_j——价值系数

这些包含已知信息的数据大多系估计值或预测值,并非精确值,且常随市场、政策等外界条件变化而变化。因此,依据它们所求得的最优解之可靠性与适用性须谨慎对待。每当外界条件变化时,导致模型的最优解也将随之发生相应的变化,从而不得不根据变化后的数据重新求解。这样,虽可求出新的最优解,但却会增加很大的计算工作量。

灵敏度分析正是解决上述问题的一项有效技术,它仅需利用原先已获得的最优解,经适当运算,即可获得最优解适用的范围或求出新的最优解。

灵敏度分析的思想方法除适用于 a_{ij}、b_i、c_j 等数据发生变化后的问题外,还可用于范围更宽的优化后分析,如,增加新的决策变量、增加新的约束条件等。

第 5 节　内点算法

线性规划是运筹学中应用广泛、理论相对成熟的分支,单纯形法也一直是几十年来实际求解中执牛耳的算法。但是在 1972 年,V.Klee 和 G.J.Minty 构造了一个特殊结构的线性规划实例,利用单纯形算法求解该问题所需耗费的时间将随问题规模的增加而呈指数增长,即,这样的问题在现实有限的计算时间内无法用单纯形法求得所需结果,这种出乎人们意料的后果引起了极大的关注。计算复杂性理论用严格、精细的数学语言描述和刻画了一个算法的所谓“好”和“坏”。于是,在实际应用中只有具有好算法的问题才是真正可计算的,因此,好算法的概念给出了理论可计算与实际可计算的区别。这些概念的提出一方面促使我们去寻找求解问题的好算法,另一方面则促使我们审查已有的算法是否是好算法。

在计算复杂性理论的考察下，实用有效的单纯形算法并不是一个严格意义下的好算法，于是就产生了一个十分严肃的问题：线性规划究竟有没有好算法？

1979 年，苏联科学院计算中心的 Хачиян 在耗费了约 9 年的研究时间后，给出了肯定的回答，这就是著名的椭球算法。但遗憾的是，该结果曾受到了《纽约时报》并不恰当的乐观评价，当时对能源模型中的一些线性规划问题（约 3 000 × 1 000 规模）进行求解，用单纯形算法在 IBM370 计算机上运算平均只需 30 秒，而用椭球算法估计要用 5 千万年。因此，椭球算法虽有重要的理论意义，但实用上并不有效。

1982 年，在美国 Bell 实验室工作的印度数学家 Karmarkar 从对椭球算法的研究中发现了一个新的求解线性规划的好算法，该方法不仅在理论上相当完美，在实际应用上也可与单纯形算法相媲美。Karmarkar 宣布自己的算法在使用上要比单纯形法快 50 倍，这是向单纯形算法的真正挑战！但由于公司商业上的考虑，具体的计算程序当时不能公开，于是引起了一场对 Karmarkar 算法评价的长久争论。直到 1986 年，加州大学伯克利分校宣布，他们用 Karmarkar 算法设计的程序有时比单纯形算法的标准程序快 2 倍，但多数情况下不相上下。1987 年，康纳尔大学设计出了比单纯形算法通常快 3 至 5 倍的程序。1988 年 9 月，在日本东京举行的第 13 届国际数学规划讨论会上，Karmarkar 公开了软件设计的一些要点，算法的有效性最终得到了公认。与此同时，对线性规划内点法的研究也形成了一股时代的潮流。

在 Karmarkar 算法问世后的六、七年内，发展出了一系列的内点方法，这些方法的共同特点是从可行区域内部直接走近最优点，而并非像单纯形算法那样从边界上绕着走，其根本思想是将线性问题非线性化，然后利用非线性方法加以处理，这就足以引起线性和非线性两方面专家的共同兴趣。非线性问题通过线性化来寻求解答是传统的做法，微积分就是一个典型的例子。而内点法则反其道而行之，借助非线性化来解线性问题，其成功对数学思想来说亦是一种革新。今天的内点法已不局限于在线性规划中发展，在非线性规划、组合优化以及其他领域中都有着很好的发展前景。

自20世纪80年代以来,不但对内点法作了大量研究并取得了巨大进展,在单纯形算法的计算效率方面也取得了巨大的进步。由于采用了一系列改进技术,因而极大地降低了迭代次数和解题时间。当前,无论是单纯形算法还是内点法都是可取的,但内点法对于求解大型问题的优越性,正在日益显露。

练 习 题

1. 食品 A、B 中都含有维生素、淀粉和蛋白质,但单位含量各不相同,价格也各不相同,数据如下表所示:

成　分	食品 A	食品 B	最低需要
维生素	1	3	90
淀　粉	5	1	100
蛋白质	3	2	120
价　格	1.2	1.9	

今有一消费者购买上述两种食品,要求其中维生素、淀粉、蛋白质的单位数不能低于90、100、120。问:该消费者应购买 A、B 各多少,才能使营养适当而价格最低?试建立此问题的数学模型。

2. 将长为500 cm的钢筋,分别截成长为98 cm和78 cm两种规格的材料。长98 cm的需10 000根,长78 cm的需20 000根。问:怎样截法,才能使所用的钢筋最少?

思 考 题

1. 试着研究切割(下料)问题在二维以及三维情况下的各种可能扩展,如:玻璃切割问题、木板切割问题等。

第三章　物流需要科学：运输问题

第 1 节　数学模型

运输问题是一类特殊的线性规划，因最早产生于物资调运问题而得名。其一般提法为：设有 m 个产地 A_i，产量为 $a_i(i=1, 2, \cdots, m)$，另有 n 个销地 B_j，销量为 $b_j(j=1, 2, \cdots, n)$。已知各产地、销地的产量、销量及由 A_i 向 B_j 运输的运价 c_{ij}（如下表所示），问：应如何调运货物才能使总运费最少？

表 3.1

	B_1	B_2	$\cdots$	B_n	a_i
A_1	c_{11}	c_{12}	$\cdots$	c_{1n}	a_1
A_2	c_{21}	c_{22}	$\cdots$	c_{2n}	a_2
$\cdots$	$\cdots$	$\cdots$	$\cdots$	$\cdots$	$\cdots$
A_m	c_{m1}	c_{m2}	$\cdots$	c_{mn}	a_m
b_j	b_1	b_2	$\cdots$	b_n	

其中，产销总量平衡，即 $\sum_{i=1}^{m} a_i = \sum_{j=1}^{n} b_j$。

设产地 A_i 运到销地 B_j 的运量为 $x_{ij}(i=1, 2, \cdots, m;\ j=1, 2, \cdots, n)$，运费为 z，则一般产销平衡运输问题的数学模型可以写成：

$$\min z = \sum_{i=1}^{m} \sum_{j=1}^{n} c_{ij} x_{ij}$$

$$
\text{s.t.} \begin{cases} \sum_{j=1}^{n} x_{ij} = a_i (i = 1, 2, \cdots, m) \\ \sum_{i=1}^{m} x_{ij} = b_j (j = 1, 2, \cdots, n) \\ x_{ij} \geqslant 0 (i = 1, 2, \cdots, m; j = 1, 2, \cdots, n) \end{cases}
$$

除物资运输问题外，还有诸如任务分派、农作物布局、设备平面布置等问题，都可化为这种运输问题的模型来研究。

运输问题的数学模型显然是一个线性规划，当然可用通常的单纯形算法进行求解。但由于其模型结构的特殊性，人们找到了一种更为简便易行的求解方法。由于是在一系列专门的表上进行计算，故被称作表上作业法。习惯上，将经计算所得的解称为调运方案，简称方案。从某个方案出发经过计算而得出一个改进方案，称为一次迭代。把计算表中的一个运量或者其他元素所占的空间位置称为一格。本质上而言，表上作业法的理论依据仍在单纯形算法的框架内。

第 2 节　初始方案

这里，我们叙述两个简便的可以给出标准运输问题初始分配方案的快速算法，可以在某些场合下当作近似解来使用。

一、最小元素法

算法基本思想：就近分配，每次从当前运价表上，优先选取运价最低的格来确定供销关系，直至求出初始方案。

【例 3.1】 设有 3 座铁矿山 $A_i(i = 1, 2, 3)$ 生产矿石，另有 4 个炼铁厂 $B_j(j = 1, 2, 3, 4)$ 需要矿石。各矿日产量 a_i、各厂日需量 b_j 及对应的运价 c_{ij} 由产销—运价表（表 3.2）给出。问：应怎样调运矿石才能使总运费最少？

【解】 在表中找出最低运价，如有多个相同的最低运价，则可任选其一。为体现规律性，可人为定一个准则，如，取偏上偏左的一个。这里，$c_{21} = c_{24} = c_{32} = 1$ 同时为最低，就让产地 A_2 尽可能满足销地 B_1 的需要：取 $x_{21} = \min\{50, 42\} = 42$。

这时，A_2 的产量已供应完，所以 $x_{22}=x_{23}=x_{24}=0$。

表 3.2

	B_1	B_2	B_3	B_4	a_i
A_1	6	9	12	7	60
A_2	1	3	6	1	42
A_3	5	1	3	4	48
b_j	50	30	25	45	150

约定，在表上 x_{21} 格右上角填数 42 并括弧，因 A_2 已供应完，故划去该行。这时，B_1 处销量还缺 $50-42=8$(见表 3.3)。

表 3.3

	B_1	B_2	B_3	B_4	$a_i-(x_{ij})$
A_1	6	9	12	7	60
A_2	$1^{(42)}$	3	6	1	0
A_3	5	1	3	4	48
$b_j-(x_{ij})$	8	30	25	45	

然后，在尚未划去的各格再找出其中的最低运价，得 $c_{32}=1$，取 $x_{32}=\min\{30, 48\}=30$。这时，B_2 处销量已满足，所以 $x_{12}=x_{22}=0$。在 x_{32} 格填数 30 并括弧，因 B_2 已满足，故划去该列。这时，A_3 产量剩下 $48-30=18$(见表 3.4)。

表 3.4

	B_1	B_2	B_3	B_4	$a_i-(x_{ij})$
A_1	6	9	12	7	60
A_2	$1^{(42)}$	3	6	1	0
A_3	5	$1^{(30)}$	3	4	18
$b_j-(x_{ij})$	8	0	25	45	

重复上述步骤：在 x_{33} 格填数 18 并括弧，划去该行；在 x_{11} 格填数 8 并括弧，划去该列；在 x_{14} 格填数 45 并括弧，划去该列；在 x_{13} 格填数 7 并括弧，划去该行与该列。至此，已得到一个初始方案(见表 3.5)。

表 3.5

	B_1	B_2	B_3	B_4	a_i
A_1	$6^{(8)}$	9	$12^{(7)}$	$7^{(45)}$	60
A_2	$1^{(42)}$	3	6	1	42
A_3	5	$1^{(30)}$	$3^{(18)}$	4	48
b_j	50	30	25	45	

由上易知，最小元素法求得的初始方案所对应的总运费为：

$$z = 6 \times 8 + 12 \times 7 + 7 \times 45 + 1 \times 42 + 1 \times 30 + 3 \times 18 = 573。$$

使用最小元素法时需注意：每填一个数并括弧后，只划去一行或一列。当出现填数后产销量同时满足的退化情况时，则应同时划去该行与该列，并且选该行或该列原先的任一空格处添一个数 0 并括弧，比如，可选最高运价对应的空格处添填数 0 并括弧，以保证括弧格的总数等于产地与销地个数之和减 1。

最小元素法的经济意义是：按就廉供应的思想来得到较好的方案，运价越低当然越便宜，从这个角度而言，优先供应运价最低的销地是合理的。

二、最大差值法

即 Vogel 近似法，其基本思想是：每次从当前运价表上，计算各行各列中最低两个运价之差(行差值与列差值)，优先取最大差值的行或列中运价最低的格来确定供销关系，直至求出初始方案。

考察例 3.1，行(列)运价差值见下表：

表 3.6

	B_1	B_2	B_3	B_4	a_i	行差值
A_1	6	9	12	7	60	1
A_2	1	3	6	1	42	0
A_3	5	1	3	4	48	2
b_j	50	30	25	45		
列差值	4	2	3	3		

在表中，由于第一列有最大的差值 4，又 $c_{21}=c_{24}=1$ 是该列上最低运价，通常取偏左的 $x_{21}=\min\{50, 42\}=42$，在 x_{21} 格填数 42 并括弧，划去该行，重新计算差值(表 3.7)：

表 3.7

	B_1	B_2	B_3	B_4	a_i	行差值
A_1	6	9	12	7	60	1
A_2	$1^{(42)}$	3	6	1	42	—
A_3	5	1	3	4	48	2
b_j	50	30	25	45		
列差值	1	8	9	3		

由于第 3 列有最大差值 9，又 $c_{33}=3$ 是该列上最低运价，因此取 $x_{33}=\min\{25, 48\}=25$，在 x_{33} 格填数 25 并括弧，划去该列，重复上述步骤：在 x_{32} 格填数 23 并括弧，划去该行；在 x_{11}、x_{14}、x_{12} 格依次填数 8、45、7 并括弧。至此，已得到一初始方案：

表 3.8

	B_1	B_2	B_3	B_4	a_i
A_1	$6^{(8)}$	$9^{(7)}$	12	$7^{(45)}$	60
A_2	$1^{(42)}$	3	6	1	42
A_3	5	$1^{(23)}$	$3^{(25)}$	4	48
b_j	50	30	25	45	

最大差值法求得的初始方案所对应的运费为：

$$z=6\times 8+9\times 7+7\times 45+1\times 42+1\times 23+3\times 25=566。$$

显见，对该算例而言，用最大差值法求得的初始方案优于用最小元素法求得的初始方案。

使用最大差值法时需注意：若一次至少有两个相同的最大差值，则取对应各行列中最低运价。同行(或列)至少有两个相同的最低运价时，对应的最大差值为 0。

只剩一行或一列时停止计算差值,按最小元素法逐个分配。退化情况可填 0 并括弧,以保证括弧格的总数等于产地与销地个数之和减 1。

最大差值法的经济意义是:考虑最低与次低运价的上升幅度,幅度大者优先满足供销关系。大量计算实践表明,该方法所得的初始方案往往优于用其他方法得到的初始方案,从而减少了后续迭代的次数。

三、产销不平衡运输问题

在现实问题中,因生产过剩而出现产大于销,或因供不应求而出现销大于产时,此时的运输问题称为产销不平衡运输问题。处理方法是先将问题化为产销平衡运输问题,然后再接着求解。

1. 产大于销的运输问题

为将问题化为产销平衡问题,只需增设一假想(虚拟)的销地,用以表示各产地多余的物资就地库存,因货不外运,无须运费,故运价都应取 0,然后即可按常规的平衡问题进行求解。最终最优解中删去虚拟点,即为原问题的最优解。

2. 销大于产的运输问题

为将问题化为产销平衡运输问题,只需增设一假想(虚拟)的产地,因无货可运,无须运费,故运价都应取 0,然后即可按常规的平衡问题进行求解。最终最优解中删去虚拟点,即为原问题的最优解。

练 习 题

1. 求解下述运输问题的初始分配方案:

	B_1	B_2	B_3	B_4	a_i
A_1	3	5	9	1	3
A_2	4	2	3	8	7
A_3	2	7	6	4	4
b_j	2	1	5	6	

思 考 题

1. 寻找生活中的运输问题并尝试建立相关数学模型。

第四章　自然数带来的困惑：整数规划

第1节　整数规划模型

有为数不少的一类实际问题，其线性规划模型的变量取值要求整数。如，生产计划问题中所要求的产品数(件数、台数等)，货运问题中要确定的货物数(箱数、包数等)，投资决策问题中所要确定的方案数，等等。通常，将变量全部或部分取整数的线性规划统称为整数线性规划，简称整数规划(Integer Programming)，简记作 IP。

整数规划按其变量全部或部分限制为非负整数而分成二类：前者称为纯整数规划，后者称为混合整数规划。纯整数规划中一类重要的特例是，其变量只取0或1，称为0—1规划。

求解整数规划一个很自然的想法，就是先不考虑变量为整数的限制条件，直接先求出问题的最优解，再把其中的非整数变量用"舍入取整"方法化为整数。但大量实践表明，此法未必有效。由于人为地取整，其结果往往不是破坏了解的可行性，就是破坏了解的最优性。

整数规划是数学规划中一个尚未完善解决的分支，至今只能求解中等规模的线性整数规划问题，而非线性整数规划问题，仍没有好的办法。

【例4.1】 讨论纯整数规划

$$\max z = x_1 + 2x_2$$

$$\text{s.t.} \begin{cases} 2x_1 + 5x_2 \leqslant 15 \\ 2x_1 - 2x_2 \leqslant 5 \\ x_1,\ x_2 \geqslant 0 \text{ 且为整数} \end{cases}$$

【讨论】 称要讨论的整数规划为原规划，若忽略变量为整数的限制条件，则成

为一个通常的线性规划，称为原规划对应的松弛规划。对此，用图解法或单纯形法易求出其最优解与最优值为

$$x_1 = 3\frac{13}{14},\ x_2 = 1\frac{3}{7},\ z = 6\frac{11}{14}。$$

若将此非整数解经取整，比如取 $x_1 = 3$，$x_2 = 1$，则满足所有的约束条件，对应的 $z = 5$。但实际上，本例最优整数解对应的 $z = 6$，所以，此解虽可行但不是最优解。

同理，若取 $x_1 = 4$、$x_2 = 1$ 或 $x_1 = 4$、$x_2 = 2$ 或 $x_1 = 3$、$x_2 = 2$ 时，它们都不满足所有约束条件，所以都不是可行解。

由此可见，不能贸然用“舍入取整”的简单化方法来求解一般的整数规划。但有一点可以肯定：原整数规划的最优值不会优于对应线性规划的最优值，这是由于前者的可行域被包含于后者的可行域中。

求解一般整数规划的通用算法主要是分支定界法，既可用于纯整数规划，又可用以求解混合整数规划。但仅限中小规模问题，一旦问题规模变大，目前的计算条件尚不足以支撑圆满求解。

第 2 节　0—1 规划模型

变量只取 0 或 1 两个值之一的变量称为 0—1 变量，全部由 0—1 变量构成的纯整数规划称为 0—1 整数规划，简称 0—1 规划。这类问题在任务分配、投资决策、选址定点等问题中有着广泛的应用，其共同特征为：面临若干项活动需选择，对其中每项活动必须作出选或不选的决策。对此，可引进 0—1 变量来刻画这一特征。

设 x_j 对应第 j 项活动：若选择第 j 项活动，就令 $x_j = 1$；否则，就令 $x_j = 0$。

【例 4.2】　分配问题

有 n 个人 $A_i(i = 1, 2, \cdots, n)$ 和 n 项工作 $B_j(j = 1, 2, \cdots, n)$，设 A_i 做 B_j 时可产生价值 c_{ij}。现要按一人一事与一事一人的规则来进行分配，问：应如何分配，才能使总价值 z 最大？

【解】 引进 0—1 变量

$$x_{ij}=\begin{cases}1,\ A_i \text{ 做 } B_j\\ 0,\ A_i \text{ 弃 } B_j\end{cases}\quad (i,\ j=1,\ 2,\ \cdots,\ n)$$

则数学模型为：

$$\max z=\sum_{i=1}^{n}\sum_{j=1}^{n}c_{ij}x_{ij}$$

$$\text{s.t.}\begin{cases}\sum_{i=1}^{n}x_{ij}=1(j=1,\ 2,\ \cdots,\ n)\\ \sum_{j=1}^{n}x_{ij}=1(i=1,\ 2,\ \cdots,\ n)\\ x_{ij}\in\{0,\ 1\}\quad (i,\ j=1,\ 2,\ \cdots,\ n)\end{cases}$$

从模型看，分配问题是特殊的 0—1 规划，也是特殊的运输问题，可以用这两种问题的求解方法求解。但根据分配问题的特殊结构，可以有更为简便的方法，即匈牙利算法（细节从略）。

【例 4.3】（选址问题）

某公司拟在东、西、南 3 个区建立超市连锁店，共有 7 个地点 $A_j(j=1,\ 2,\ \cdots,\ 7)$ 可供选择，东区含 A_1、A_2、A_3，西区含 A_4、A_5，南区含 A_6、A_7。选址时需满足下列条件：东区至多选 2 个点，西区至少选 1 个点，南区至少选 1 个点。据测算，选 A_j 点建立超市连锁店，需投资 a_j 元，获年利 c_j 元，投资总额不能超过 b 元。问：应怎样选点，才能使公司的年利 z 最大？

【解】 引进 0—1 变量

$$x_j=\begin{cases}1,\text{选 } A_j\\ 0,\text{弃 } A_j\end{cases}\quad (j=1,\ 2,\ \cdots,\ 7)$$

可得数学模型为：

$$\max z=\sum_{j=1}^{7}c_jx_j$$

$$\text{s.t.}\begin{cases}\sum_{j=1}^{7} a_j x_j \leqslant b \\ x_1 + x_2 + x_3 \leqslant 2 \\ x_4 + x_5 \geqslant 1 \\ x_6 + x_7 \geqslant 1 \\ x_j \in \{0, 1\}(j = 1, 2, \cdots, 7)\end{cases}$$

【例 4.4】 (投资问题)

某公司有机会对 5 个项目 $B_j(j = 1, 2, \cdots, 5)$ 进行投资,三年内每年可投资 25 万元,已知每个项目所需年投资额和所获利润如表 4.1 所示(以万元计),问:应如何投资,才能使公司利润 z 最大?

表 4.1

项　目	第 1 年	第 2 年	第 3 年	利　润
B_1	5	1	8	20
B_2	4	7	10	40
B_3	3	9	2	20
B_4	7	4	1	15
B_5	8	6	10	30

【解】 引进 0—1 变量

$$x_j = \begin{cases}1, \text{投资于 } B_j \\ 0, \text{不投资 } B_j\end{cases} \quad (j = 1, 2, \cdots, 5)$$

可得数学模型为:

$$\max z = 20x_1 + 40x_2 + 20x_3 + 15x_4 + 30x_5$$

$$\text{s.t.}\begin{cases}5x_1 + 4x_2 + 3x_3 + 7x_4 + 8x_5 \leqslant 25 \\ x_1 + 7x_2 + 9x_3 + 4x_4 + 6x_5 \leqslant 25 \\ 8x_1 + 10x_2 + 2x_3 + x_4 + 10x_5 \leqslant 25 \\ x_j \in \{0, 1\}(j = 1, 2, \cdots, 5)\end{cases}$$

由以上范例可知,选择合适的 0—1 变量对建模有着举足轻重的作用,在构成有特殊要求的约束条件中可体现出很强的功能。

【例 4.5】 某高校篮球队人员更新，准备按预定条件从 6 名预备队员(见表 4.2)中选拔 3 名为正式队员。问：应如何挑选，才能使球员平均身长 z 尽可能高？

队员挑选须满足下列条件：

(1) 至少补充一名后卫队员；

(2) 李与田两人必定而且只能入选一名；

(3) 最多补充一名中锋队员；

(4) 李或赵入选，则周不能入选。

表 4.2

预备队员	号码(j)	身高(cm)	位　　置
张	1	193	中锋
李	2	191	中锋
王	3	187	前锋
赵	4	186	前锋
田	5	180	后卫
周	6	185	后卫

【解】 引进 0—1 变量

$$y_j = \begin{cases} 1, \text{选中第 } j \text{ 号} \\ 0, \text{不选第 } j \text{ 号} \end{cases}$$

则有：

$$\max z = 193y_1 + 191y_2 + 187y_3 + 186y_4 + 180y_5 + 185y_6$$

$$\text{s.t.} \begin{cases} y_1 + y_2 + y_3 + y_4 + y_5 + y_6 = 3 \\ y_5 + y_6 \geqslant 1 \\ y_2 + y_5 = 1 \\ y_1 + y_2 \leqslant 1 \\ y_2 + y_6 \leqslant 1 \\ y_4 + y_6 \leqslant 1 \\ y_j \in \{0, 1\} (j = 1, 2, \cdots, 6) \end{cases}$$

第3节　排序问题

一批品种不同的工件，按工艺要求，每个工件都须经过多道工序后才成为产品，因而，要先后在多台机器上加工。不同品种的工件在同一台机器上加工的工时可以不同，对在多台机器上同时加工的多个工件不重复计算工时。问：应如何确定各工件的加工顺序，才能使所有工件完成全部工序的加工总工时最少？这就是著名的工件排序问题。

工件排序问题属于排序理论（或排序论），排序论又名时间表理论，是运筹学的一个专门分支。在排序论中，工件是被加工的对象，是要完成的任务；机器是提供加工的对象，是完成任务所需要的资源。排序就是在一定的约束条件下对工件和机器按时间进行分配和安排次序，使某一个或某一些目标达到最优。

排序的英文名为"Scheduling"，在自动化学科中又称为调度，然而，用"排序"或"调度"来作为"Scheduling"的中文译名都只仅仅是描述了一个侧面。"Scheduling"既有"分配"的作用，即把工件分配给机器以便进行加工；又有"排序"的功能，包括工件的次序和机器的次序这两类次序的安排；此外，还有"调度"的效果，即把机器和工件按时间进行调度。

显见，如果是单品种的工件，由于每个工件的每道工序工时一样，所以无所谓排序问题。如果只用一台机器来完成只需一道工序的工件加工，则无论是单品种还是多品种的工件，都可按任意加工顺序把工件一个接一个不间歇地由这台机器加工，所需的总工时恒相同，因此，也不存在排序问题。这里，仅探讨多品种工件用多台机器加工的排序问题，不言而喻，第一台机器不应该出现工件等待的情形。

为方便起见，可将每个工件看作一个品种，对原属同一品种的两个工件，则可由它们各道工序时间对应相同这一事实来反映。但是，机器的多少（等价于工序的多少）却是决定问题能否求解的关键。迄今为止，对三台及三台以上的机器加工问题，尚无有效的求解方法，而两台机器的排序问题则已于1954年由Johnson用动态规划的方法得到圆满解决。

这里，我们讨论 n 个工件在两台机器上加工的排序问题。为简便起见，称为双机 n 件（记作 $2\times n$）排序问题。

设有 n 个工件，每个工件都要经过先 A 后 B 两台机器加工。第 i 个工件在 A 与 B 上的加工时间各为 a_i 与 $b_i(i=1, 2, \cdots, n)$，如下表所示：

表 4.3

	1	2	…	i	…	n
A	a_1	a_2	…	a_i	…	a_n
B	b_1	b_2	…	b_i	…	b_n

现要确定各工件的加工顺序，使总的加工工时最少。

最优排序由下述的 Johnson 法则确定：

第 1 步：初始工件集 $W=\{a_1, a_2, \cdots, a_n; b_1, b_2, \cdots, b_n\}$；

第 2 步：求 $m=\min W$；

第 3 步：当 $m=a_i$ 时，则将工件 i 排在首位，并从初始工件集 W 中去掉工件 i（工件 i 不唯一时，可任选一个）；

第 4 步：当 $m=b_i$ 时，则将工件 i 排在末位，并从初始工件集 W 中去掉工件 i（工件 i 不唯一时，可任选一个）；

第 5 步：对新得工件集 W-$\{i\}$ 重复步骤 2、3、4，直至 W 成为空集。

可见，在 B 上加工时间越短的工件应越往后排。

【例 4.6】 设有 2×5 排序问题，数据如下表所示，求最优加工顺序。

表 4.4

	1	2	3	4	5
A	2	4	8	6	2
B	5	1	4	8	5

【解】 按最优排序规则，可得两种最优顺序：1→5→4→3→2 或 5→1→4→3→2。

练 习 题

1. 今用货船装载 5 种货物，已知各种货物的单位重量 w_i、单位体积 v_i、价格

$r_i(i = 1, 2, \cdots, 5)$ 如下表所示：

i	w_i	v_i	r_i
1	5	1	4
2	8	8	7
3	3	6	6
4	2	5	5
5	7	4	4

船的最大载重量和体积分别为 $W = 112$ 和 $V = 109$。问：应如何装运各种货物，才能使装运的价值最大？试建立相应的整数规划模型。

2. 设有 2×5 排序问题，数据如下表所示：

	1	2	3	4	5
A	3	7	4	5	7
B	6	2	7	3	4

求最优加工顺序。

思考题

1. 尝试分析生活中的各种排队现象并将之视作排序问题加以研究。

第五章　神奇的 0.618：黄金分割法

第 1 节　历史渊源

所谓“黄金分割法”最早由古希腊毕达哥拉斯学派所发现，其比值 0.618（记为 φ）被称为“黄金数”。有趣的是，人们后来发现，0.618 竟是自然界生物（特别是人类）在亿万年进化中演绎出来的一个“神数”，广泛地适用于人类生活的许多领域。历史上，曾经出现过黄金比率、黄金率、中末比、中外比、比例分割、黄金分割律、黄金比、黄金比例、黄金分割数、黄金数、神奇比例、神圣比例、神圣分割等多达 26 个不同的称呼，这些称呼中的一些与托勒密、达芬奇、斐波那契、开普勒等著名人物的工作有着密切联系。

无论是古埃及金字塔，还是巴黎圣母院，或是法国埃菲尔铁塔，都有与 0.618 有关的数据；一些名画、雕塑、摄影作品的主题人物等，大多在画面的 0.618 处。从美学角度而言，黄金分割率可以给人带来最佳的美感。同样的，在医学专家和养生专家眼中，人体很多时候也遵循黄金分割率，譬如很多保健关键点都与黄金分割点不谋而合。

黄金分割有时指作图法，有时又指 $(\sqrt{5}-1)/2$ 的近似值 0.618，即黄金分割数或黄金数。此外，$(\sqrt{5}-1)/2$ 的倒数 $(\sqrt{5}+1)/2=1.618$ 有时也被称为外黄金分割数，这时，0.618 则被称为内黄金分割数。甚至有时候，$1-0.618=0.382$ 也被称为黄金数。

黄金分割的奇妙之处，在于其比例与其倒数是一样的。例如：1.618 的倒数是 0.618，而 1.618 ∶ 1 与 1 ∶ 0.618 是一样的。

黄金分割的魅力可由图 5.1～图 5.6 略窥一斑。

图 5.1　埃及金字塔

图 5.2　希腊神殿

图 5.3　巴黎圣母院

图 5.4　法国埃菲尔铁塔

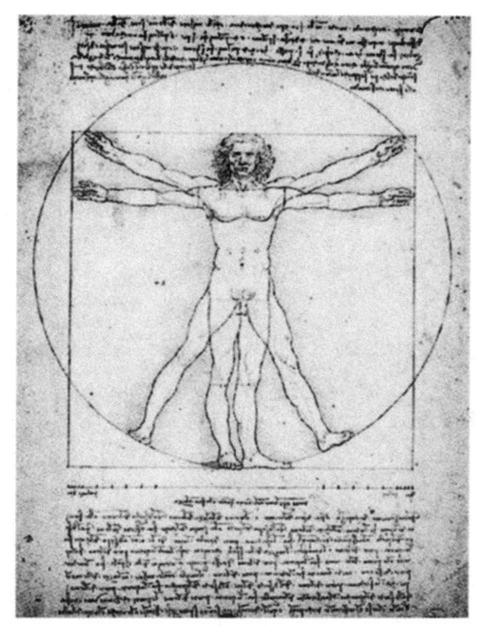

图 5.5　维特鲁威人

正五边形对边对角线与边长之比为 $\alpha = 0.618 : 1$

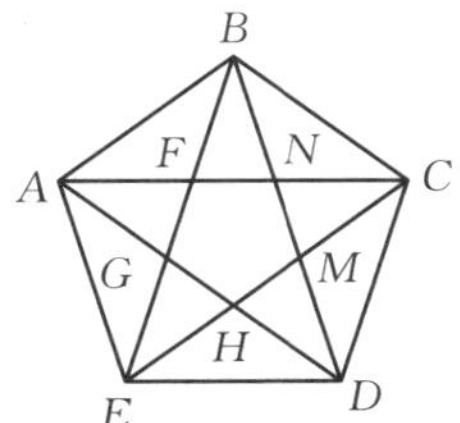

图 5.6　正五边形比例

此外，名画蒙娜丽莎中更是充满了多个黄金分割比例（如图 5.7 所示），如：脸部黄金分割、人身占画布比例、头与半身比例、左右背景比例、黄金矩形、鹦鹉旋。

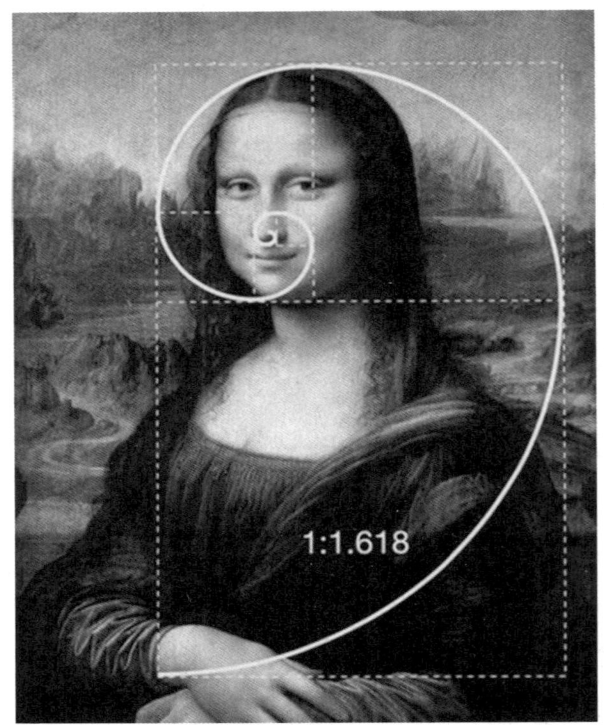

图 5.7　蒙娜丽莎黄金分割

第 2 节　斐波那契数列

在畅销小说《达·芬奇密码》中，法国卢浮宫博物馆年迈的馆长被人杀害在艺术大画廊的地板上。在人生的最后时刻，馆长脱光了衣服，用自己的身体摆成达·芬奇名画《维特鲁威人》的样子，并在地板上留下一串难以捉摸的数字：13-3-2-21-1-1-8-5。后来他的孙女意识到这是她祖父向她传达的信息，在开启他银行保险柜时，试了很多密码都不成功，直到她将这串数字从小到大排列成 1-1-2-3-5-8-13-21 时，才开启了保险柜。这正是斐波那契数列，是数学史上的一个著名数列。

意大利数学家斐波那契(Leonardo Pisano Fibonacci，1175—1250)是西方最早研究斐波那契数的，并将现代书写数和乘数的位值表示法系统引入了欧洲。

图 5.8　意大利数学家斐波那契

关于斐波那契数列的来源，相传出于一个兔子计数的趣味数学问题。已知笼子内有一对小兔子，并假设：①一对大兔子一年能生出一对小兔子；②一对小兔子一年后成为一对大兔子；③所有的兔子都长生不死。问：兔子的繁殖情况？

可知，兔子的数目依序为：1，1，2，3，5，8，13，21，……

由以上序列可发现：从第三项起，每一项都等于前两项之和，即

$$F_1 = 1,\ F_2 = 1,\ F_n = F_{n-1} + F_{n-2} (n \geqslant 3)$$

斐波那契数列从本质上而言，属于递归函数。

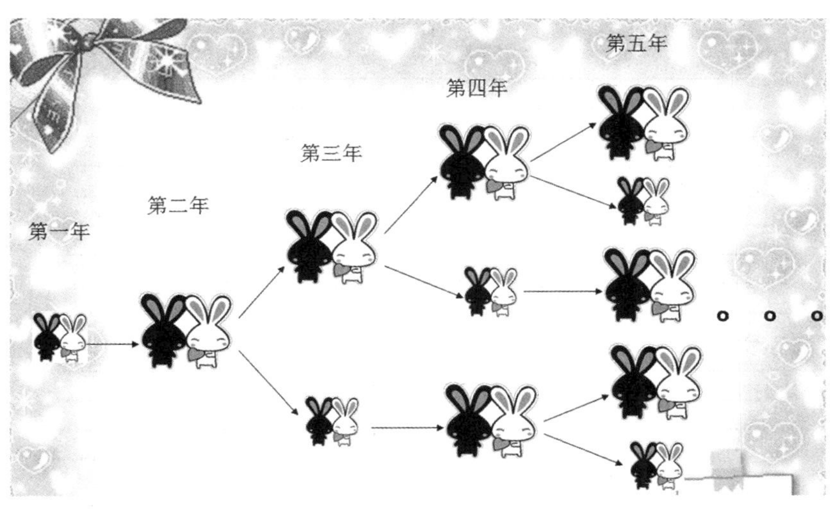

图 5.9　兔子计数

第3节　作为优化算法的黄金分割法

黄金分割法又称0.618法，它通过不断缩短搜索区间的长度来寻求一维(单峰)函数的极小点，是一种求解单变量非线性函数极值点的简便方法。

黄金分割法用不变的区间缩短率φ，来代替Fibonacci法(本书从略)每次不同的缩短率，因而可看成是Fibonacci法的近似。其计算步骤与Fibonacci法基本相同，但实现起来更为简便。

对一维函数搜索其极小点时，在变量所属区间$[a, b]$内取两个对称点t_1，t'_1作为探索点，并满足：

$$t_1 = a + (1-\varphi)(b-a)$$

$$t'_1 = a + \varphi(b-a)$$

具体计算中，常取φ的近似值0.618来代替φ，即所谓的近似黄金分割法，亦称0.618法。

求解时，每作一轮迭代，原下单峰区间要缩短0.618倍。由于是一种等速对称进行试探的方法，每次的探索点均取在区间长度的0.618倍和0.382倍处。

计算$n+1$个探索点的函数值时，可将原区间$[a, b]$连续缩短n次，记$L = b - a$为原区间长度。因每次缩短率均为φ，经n次分割后，所留区间长度为$\varphi^n L \approx 0.618^n L$，即，当要求精度为$\delta$时，可用式$\varphi^n \leqslant \delta$来估算区间缩短次数$n$。当然，也可不预先估算$n$，而在计算过程中逐次加以判断，看是否已满足给定的精度要求。

由于φ是一个近似值，每次分割必定会带来一定的舍入误差，因此，当分割次数太多时，计算会失真。经验表明，黄金分割的次数n一般限制在11以内。

【例5.1】　求函数$f(x) = x^2 - x + 2$的近似极小点，要求缩短后的区间长度不大于$[-1, 3]$的0.08倍。

【解】　$a_0 = -1$，$b_0 = 3$，$\delta = 0.08$，计算可得：

$\lambda_1 = -1 + 0.382 \times (3-(-1)) = 0.528$，

$\lambda'_1 = -1 + 0.618 \times (3-(-1)) = 1.472$，

$f_1 = f(0.528) = 1.751$，$f'_1 = f(1.472) = 2.695$，

$\varphi > \delta$，$f_1 < f'_1$，

故最优点应在$[a_0, \lambda'_1]$；

$a_1 = -1$，$b_1 = 1.472$，

$\lambda'_2 = 0.528$，$\lambda_2 = -1 + 0.382 \times (1.472 - (-1)) = -0.056$，

$f_2 = f(-0.056) = 2.059$，$f'_2 = f(0.528) = 1.751$，

$\varphi^2 > \delta$，$f_2 > f'_2$，

故最优点应在$[\lambda_2, b_1]$；

$a_2 = -0.056$，$b_2 = 1.472$，

$\lambda_3 = 0.528$，$\lambda'_3 = 0.888$，

$f_3 = f(0.528) = 1.751$，$f'_3 = f(0.888) = 1.901$，

$\varphi^3 > \delta$，$f_3 < f'_3$，

故最优点应在$[a_2, \lambda'_3]$；

$a_3 = -0.056$，$b_3 = 0.888$，

$\lambda'_4 = 0.528$，$\lambda_4 = 0.305$，

$f_4 = f(0.305) = 1.788$，$f'_4 = f(0.528) = 1.751$，

$\varphi^4 > \delta$，$f_4 > f'_4$，

故最优点应在$[\lambda_4, b_3]$；

$a_4 = 0.305$，$b_4 = 0.888$，

$\lambda_5 = 0.528$，$\lambda'_5 = 0.665$，

$f_5 = f(0.528) = 1.751$，$f'_5 = f(0.665) = 1.777$，

$\varphi^5 > \delta$，$f_5 < f'_5$，

故最优点应在$[a_4, \lambda'_5]$；

$a_5 = 0.305$，$b_5 = 0.665$，

$\lambda'_6 = 0.527$，$\lambda_6 = 0.443$，

$f_6 = f(0.443) = 1.753$，$f'_6 = f(0.527) = 1.751$，

$\varphi^6 < \delta$，$f_6 > f'_6$，

于是$x^* \approx 0.527$。

练　习　题

1. 用黄金分割法求解如下函数极值点：

$\min f(X) = x^2 - 6x + 2$，$x \in [0, 10]$，精度 $\delta = 0.03$。

思　考　题

1. 试着发现生活中能用黄金分割法解决(或解释)的实例。

第六章　小学生也能掌握的数学：图论

第1节　历史起源

关于图论的研究已有几百年的历史，但将其广泛应用于自然科学、工程技术和生产管理等领域却是近几十年的事，各种通讯和计算机网络的优化设计、交通网的合理分布以及大型工程项目的计划管理等都需要运用图论与网络分析方法才能有效解决。此外，图论在化学、物理学、遗传学、控制论、信息论、人工智能、情报检索、经济学、系统工程乃至社会科学与人文领域等方面亦有着大量的应用，因此可以说，图论是运筹学一个十分重要的分支。而且，计算机技术的飞速发展，更是给图论注入了旺盛的生命力，许多用人工难以分析的复杂图形，可借助计算机来完成，使得用图论工具来成功地解决重大理论与实际问题成为了现实。

图论的历史发展源远流长，其中，一些脍炙人口的著名问题及其研究对于这门学科的建立和发展无疑起了十分重要甚至是里程碑式的作用，如：七桥问题、四色问题、旅行商问题等等。有些难题遗留至今已数百年，仍未能解决。

一、七桥问题

追根溯源，图论的奠基人可以认为是瑞士数学家Euler，他于1736年(29岁时)发表了图论方面的第一篇论文，其中讨论的就是著名的七桥问题(或哥尼斯堡七桥问题)。

历史上曾属于东普鲁士的哥尼斯堡城(Königsberg)位于东经20.5°、北纬54.5°之处，现为俄罗斯的加里宁格勒(Калининград)。这里，诞生过大哲学家康德(Immanuel Kant，1724—1804)、大数学家希尔伯特(David Hilbert，1862—1943)，以及物理学家基尔霍夫(G.R.Kirchhoff，1824—1887)等一系列著名人物。

图 6.1　加里宁格勒位置图

图 6.2　哲学家康德　　图 6.3　数学家希尔伯特　　图 6.4　物理学家基尔霍夫

传诵至今的康德墓碑文许多人都耳熟能详:“有两种东西,我对它们的思考越是深沉和持久,他们在我心中唤起的惊奇和敬畏就越来越历久弥新,一是我们头顶上浩瀚的星空,另一个就是我们心中的道德律令。(简译:头顶灿烂星空,心中道德律令)”原文出自康德三大批判的最后一部《实践理性批判》。

图 6.5　康德墓碑碑文(德语—俄语对照)

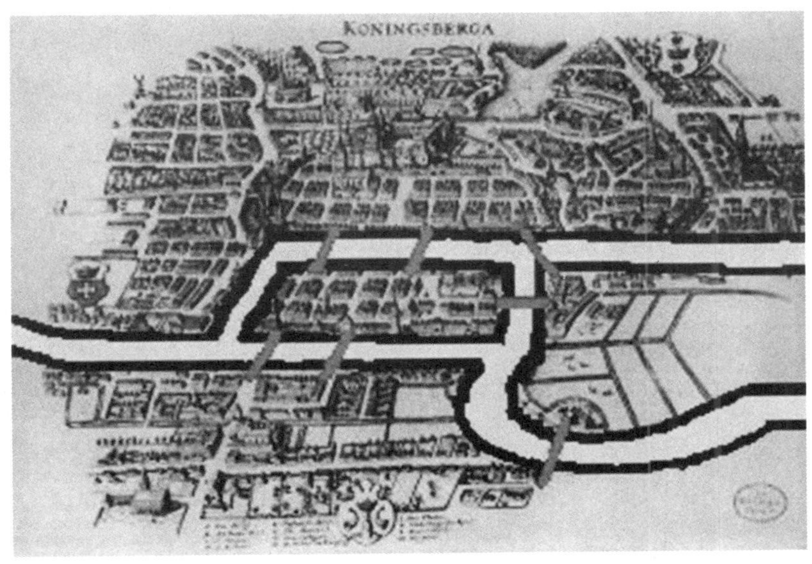

图 6.6　七桥问题示意图

七桥问题源于当地居民散步时发现的一个问题：居民所在地有一条河，河中有两个岛屿，河上建有七座桥，将岛与两岸陆地相连。村民们想知道，若从岸或岛上任一处陆地出发，能否通过每座桥正好一次并回到原地。

当时，很多人都探讨了这个问题，却百思不得其解。问题后来被提交到大数学家 Euler 那里，他将陆地抽象为点，桥抽象为线，将问题归结为图 6.7 所示图形的一笔画问题，即能否从某一点开始，一笔不重复地画出这个图形，最后回到原出发点。

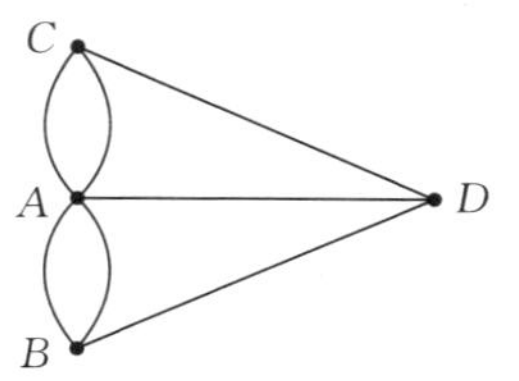

图 6.7　转换图

Euler 在其论文中否定了这个可能性，本质上的原因是图中每个点所关联的都是奇数条线，从而彻底解决了这个长期困惑全城民众的难题。

【附记】 **欧拉**(Leonhard Euler，1707—1783)，1707 年 4 月 15 日出生于瑞士一个牧师家庭，自幼受到父亲的教育。13 岁时入读巴塞尔大学，15 岁大学毕业，16 岁获硕士学位。1783 年 9 月 18 日于俄国的彼得堡去世。欧拉是 18 世纪数学界最杰出的人物之一，他不但为数学作出贡献，更把数学推至几乎整个物理领域。此外，他是数学史上最多产的数学家，在其一生中，为人类留下了 886 篇论文和著作，几乎在当时数学的每个领域都留下了其足迹。1735 年，当欧拉 28 岁时，一目失明，1766 年，双目全部失明，但他仍以高度的毅力坚韧不拔地从事数学研究。晚年，他口述其发现，由别人笔录，为人类文明史谱写了极其光辉的篇章。在欧拉

图 6.8　欧拉(数学史上公认的四个最伟大数学家之一)

的 886 种著作中，属于生前发表的有 530 本书和论文，其中有不少是力学、分析学、几何学、变分法方面的教科书，如，《无穷小分析引论》(1748)，《微分学原理》(1755)以及《积分学原理》(1768—1770)等都已成为数学中的经典著作。尤其值得一提的是，他所编写的平面三角课本，采用了近代记号 sin、cos 等，实际上，三角学在他手中已完全成熟。此外，他还相当精确地计算出了后来以其名字命名的欧拉常数 0.577 215 664 901 532 860 606 512 09…。由于欧拉解决了历史上流传甚久的七桥问题，因而也被后人视作图论的开创者并被誉为“拓扑学的鼻祖”。

二、四色问题

四色问题出自英国，1852 年，毕业于伦敦大学的格思里(Francis Guthrie)来到一家科研单位搞地图着色工作时，发现了一种有趣的现象：每幅地图都可以用四种颜色着色，使得有共同边界的国家都能着上不同的颜色。这个结论能不能从数学上加以严格证明呢？他与在大学念书的弟弟决心一试。兄弟俩为证明这一问题用掉了一大叠稿纸，可研究工作没有任何进展。1852 年 10 月 23 日，他的弟弟拿这个问题请教他的老师、著名数学家德·摩根(Augustus de Morgan)，摩根也没能找到解决这个问题的办法，于是写信向自己的好友、著名数学家哈密顿爵士(Sir William Hamilton)请教。但直到 1865 年哈密顿逝世为止，这个问题也没有得到解决。

1878 年 6 月 13 日，英国当时著名的数学家凯莱(Arthur Cayley)正式向伦敦数学学会提出这个问题，之后，四色猜想开始成为世界数学界关注的问题。许多一流数学家纷纷加入研究，1879 年，著名的律师兼数学家肯普(Alfred Bray Kempe)提交了证明四色猜想的论文，宣布证明了四色定理，大家都认为四色猜想从此解决了。11 年后，即 1890 年，数学家赫伍德(Percy John Heawood)以自己的精确计算指出肯普的证明是错误的，但该方法经补救后可用来证明五色定理。其后，越来越多的数学家虽然对此绞尽脑汁，但一无所获。于是，人们开始认识到，这个貌似容易的题目，其实是一个可与费马(Fermat)猜想相媲美的难题。

20 世纪后，科学家们对四色猜想的证明基本都按照肯普的想法在进行。美国数学家富兰克林(Franklin)于1922年证明了25国以下的地图都可用四色解决,1926年,结果推进到27国,1938年,推进到31国,1940年,推进到35国,1970年,推进到40国,随后又推进到了96国。后来,由于计算机性能的迅速提高以及人机对话的出现,大大加快了四色猜想证明的进程。1976年6月,美国数学家阿佩尔(Kenneth Appel)与哈肯(Wolfgang Haken)经过整整四年的紧张工作,在两台不同计算机上,花费了1 200个小时,作了100亿个判断,终于完成了四色定理的证明。

四色猜想的计算机证明,轰动了世界。它不仅解决了一个历时100多年的难题,而且成了数学史上一系列新思维的起点。不过也有一些数学家并不满足于计算机取得的成就,至今仍在寻找着简捷明快的纯数学证明方法。

第2节 图论基础

一、基本概念

图论中所考察的图不同于以往几何学与分析学中的图形,这里的图仅考虑点与点之间由线连接的关系。至于画成直线还是曲线,画得长些还是短些,画在这儿还是那儿,都无关紧要。也就是说,点线位置可随意安排,线长不代表实际长度。

【定义6.1】 非空点集 V 与连接点的某个线集 E 之二元组称为图,记作 $G=(V, E)$。G 中的每个点 v 称为顶点,每条线 e 称为边。V 与 E 所含的元素个数分别记为 n 与 m,即,顶点的个数为 n,边的条数为 m。

由于 G 中每条边都是点与点之间的连线,所以采用记号 $e=[u, v]$,其中,u、v 是 e 的端点。此时,称 e 是 u 与 v 的关联边,而 u 与 v 互为邻点。对任一点 u,其所有邻点构成邻点集,记为 $N(u)$。若两条边仅有一个公共端点,称此两条边相邻。特殊地,当 u 重合于 v,则 $e=[u, v]$ 只有一个端点,称为环。当 u 与 v 之间有多条边相连时,称为多重边。边 $[v_i, v_j]$ 也常记作 e_{ij}。

有多重边的图称为多重图,无环且无多重边的图称为简单图。这里,我们仅讨论简单图。

【定义 6.2】 点 v 关联边的个数称为 v 的度(或次),记为 $d(v)$或 $deg(v)$。当 $d(v)=0$ 时,v 称为孤立点;当 $d(v)=1$ 时,v 称为悬挂点;当 $d(v)$为奇(偶)数时,v 称为奇(偶)点。

规定:若 v 有一个环,则 v 的度增加 2。

二、基本性质

【定理 6.1】 设 G 为简单图,则 $d(v)\leqslant n-1$。

【证】 因为除所考察的点 v 外,另有 $n-1$ 个点,以 v 为端点至多连出 $n-1$ 条边,故有 $d(v)\leqslant n-1$。

【定理 6.2】 设 G 为任何图,则有 $\sum\limits_{v\in V}d(v)=2m$。

【证】 因每边两端点,求各点之度时,各边用到两次,故全体顶点度之和恰为总边数 2 倍。

【定理 6.3】 设 G 为任何图,则其奇顶点个数必为偶数。

【证】 令 Vo、Ve 分别为奇、偶点之集,则 $V=Vo\cup Ve$, $Vo\cap Ve=\Phi$。于是有 $\sum\limits_{v\in V_o}d(v)=\sum\limits_{v\in V}d(v)-\sum\limits_{v\in V_e}d(v)=2q-\sum\limits_{v\in V_e}d(v)$,显然,右端为偶数,故左端必为偶数项之和,即奇顶点个数必为偶数。

【例 6.1】 现有 9 个人 $v_i(i=1,2,\cdots,9)$ 相聚。已知 v_6、v_7 各和 4 个人握过手,v_8、v_9 各和 6 个人握过手,则这 9 个人中必定有 3 个人互相之间握过手。

【证】 以每个人作为顶点,两点间连线表示两人握过手。现已知 v_9 有 6 个邻点,则其中必有一点 v_j 为 v_6、v_7、v_8 之一,否则 $d(v_9)\leqslant 5$,故得 $d(v_j)\geqslant 4$。显然,除 v_j 外,v_9 的另 5 个邻点中必有一点 v_k 与 v_j 相邻(否则,将有 $d(v_j)\leqslant 8-5=3$,矛盾),从而 v_9、v_j、v_k 互为邻点(见图 6.9),这表明确有 3 个人互相之间握过手。

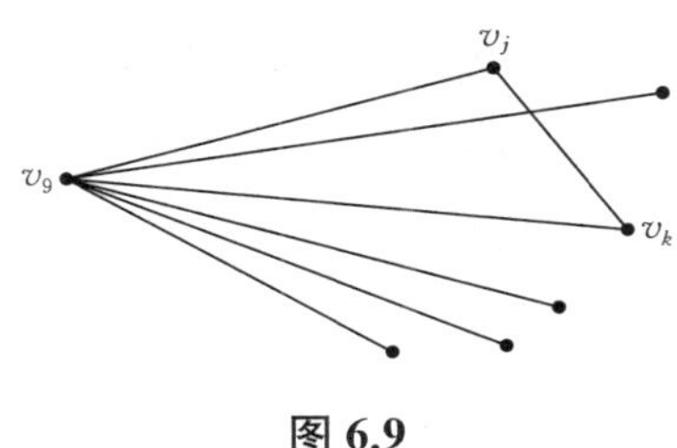

图 6.9

三、连通图

架设电话线网，要求每个用户彼此都能通话；建造铁路网，要求有关城市互相通达。诸如此类的要求反映在图中，就抽象出连通性的概念。

【定义 6.3】 图 G 的点、边交错序列 $\{v_{i_1}, e_{i_1}, v_{i_2}, e_{i_2}, \cdots, e_{i_{k-1}}, v_{i_k}\}$ 称为一条从 v_{i_1} 到 v_{i_k} 的链，简记为 $C=\{v_{i_1}, v_{i_2}, \cdots, v_{i_k}\}$。若 C 中各边不相同，则称为简单链；若 C 中各点亦不相同，则称为初等链。若 C 的首尾重合，则称为圈。

【定义 6.4】 若 G 中任意两点间，至少存在一条链，则 G 称为连通图；否则，称为不连通图。

【定理 6.4】 设图 G 为一条简单链，则至多除始点与终点外，每一个中间点必为偶点。

【证】 设 v_k 为任一中间点，由于 v_k 既是前邻边的终点，又是后邻边的始点，因此，若 v_k 在链中出现 n 次，则有 $d(v_k)=2n$，为偶数，即 v_k 为偶点。

【推论】 任何具有超过两个奇点的图 G 必不能一笔画成。

由于一笔画等价于 G 为简单链，故 G 若有奇点，则必为 2 个，且这 2 个奇点必为简单链的始、终点。而多于两个奇点的图，必不能一笔画成。

【例 6.2】 Euler 的七桥问题，实质上是想对图 6.7 所示的 G 找出一个圈，使之能一笔画成。由于 $d(A)=d(C)=d(D)=3$，$d(B)=5$，四个顶点均为奇点，故不可能一笔画成。也就是说，当地民众希冀的散步方案永远无法实现。

四、子图

图与子图的关系类似于集合与子集合的关系。

【定义 6.5】 设有两个图 $G_1=(V_1, E_1)$，$G_2=(V_2, E_2)$。当 $V_1 \subseteq V_2$，$E_1 \subseteq E_2$，则称 G_1 为 G_2 的子图，记作 $G_1 \subseteq G_2$。

满足上述定义的子图可以分成许多类，如：

1. $V_1=V_2$，$E_1 \subset E_2$，则 G_1 称为 G_2 的部分子图。

2. $V_1 \subset V_2$，$E_1 \subset E_2$，则 G_1 称为 G_2 的真子图。

3. $V_1 \subseteq V_2$，$E_1=\{[v_i, v_j] \mid v_i, v_j \in V_1\} \subseteq E_2$，则 G_1 称为 G_2 中由 V_1 生成

的子图，记作 $G_1 = G(V_1)$，简称为 G_1 是 G_2 的生成子图。

4. $V_1 = V_2$，$E_1 \subseteq E_2$，且保持 G_2 原有的连通性，则 G_1 称为 G_2 的支撑子图。

第 3 节　树及其优化

有一种特殊的图，没有圈而又处处保持连通性，真实反映了客观世界一大类事物之间的重要关系。例如，家族的历代谱系、企业的各级机构、化学分子的同分异构体等等，都可以表示成类似于一棵树（有主干与分枝）那种形状的图，于是，很自然地会将这类图采用"树"来命名。历史上，Kirchhoff 最早提出了树的概念。

一、树的概念

【定义 6.6】　无圈的连通图称为树，记作 T。

图 6.10 所示为名著《红楼梦》中的贾府主要人物关系图，显然，这是一棵树结构。

树有下列一些基本性质。

【性质 6.1】　树 T 中任两点间存在唯一的链 C。

【证】　因 T 连通，故任两点间存在链；又因 T 无圈，故没有相异链能连通同样两点。

【性质 6.2】　树 T 中不相邻两点之间连一条边，则得一个圈。

【证】　由性质 6.1，两点间存在唯一链，当两点不相邻时，连一条边与该链合并，可以得一个圈。

【性质 6.3】　树 T 去掉任一边，则成不连通图。

【证】　任意取定 T 中一条边，由性质 6.1 知，该边为连通其两端点的唯一链。如果去掉该边，则使得两端点无关联边，于是成不连通图。

由上述性质可知，树是连接已给点集 V 中各点并使之保持连通且边数为最少的图。

一棵树的边数与顶点数的关系由以下定理给出。

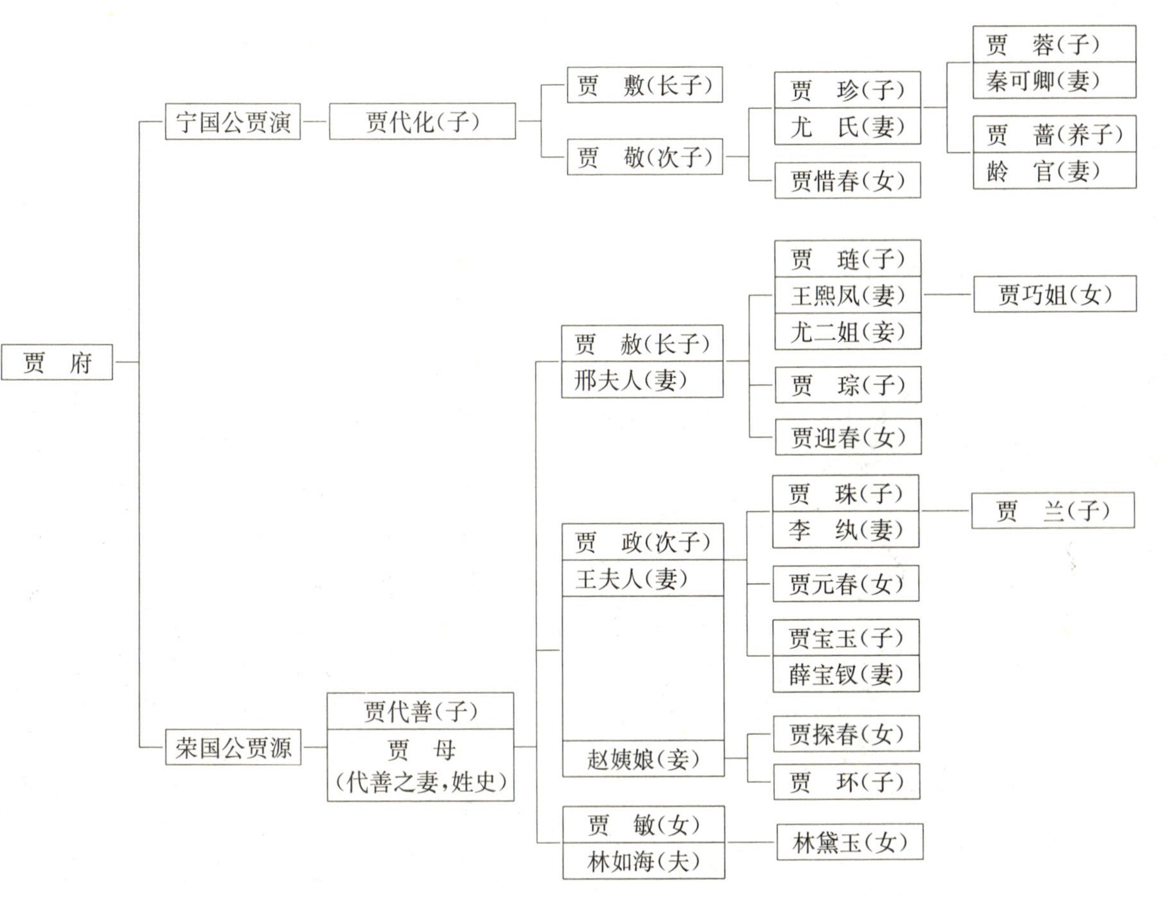

图 6.10　贾府主要人物关系图

【定理 6.5】 n 个顶点的树 T 含 $n-1$ 条边。

证明略。

二、图的支撑树

由树的特性,对同一个顶点集的图而言,若只要求保持连通性,自然是取树来描述最为简便。例如,要在 5 个城市间架设长途电话线,首先要能在各城市间通话,其次希望耗用电话线尽量少。与之对应的点(城市)线(电话线)图必须连通且无圈,若有圈,则可以在圈上去掉一条边,即节省一根电话线,从而得一棵 4 条边的树。当然,这样的树可以不唯一。

由此可见,从一个连通图中如何寻找一棵连接所有顶点的树是值得研究的,这样的树被称为支撑树或生成树。

找出支撑树的最简单方法有:

1. 避圈法——按点选边,避免成圈,无点即止。
2. 破圈法——逐圈去边,保持连通,无圈即止。

相比而言,避圈法比破圈法更为简便。

对任意给定的图来说,其所含支撑树的个数 N 由著名的 Cayley 公式给出:

$$N \leqslant n^{n-2}$$

其中,n 为顶点个数。当给定的图为完全图(任意两点均有边相连)时,上述不等式取等号。

可以看出,当 $n=3$ 时,可能的支撑树个数不超过 3;当 $n=4$ 时,可能的支撑树个数不超过 16;当 $n=10$ 时,则可能的支撑树个数不超过 10^8。可见,即便对于一个仅有 10 个顶点的完全图,其支撑树个数就几乎已是天文数字了。

三、最小支撑树

【定义 6.7】 设图 $G=(V, E)$,E 中任意一条边 e_{ij} 上都对应有一个数 w_{ij},称 w_{ij} 为 e_{ij} 上的权重,其全体记作 W,则 $G=(V, E, W)$ 就称为赋权图,G 上的总权

重记作 $w(G)$或 $w(E)$。

这里,我们讨论的都是连通的赋权图。

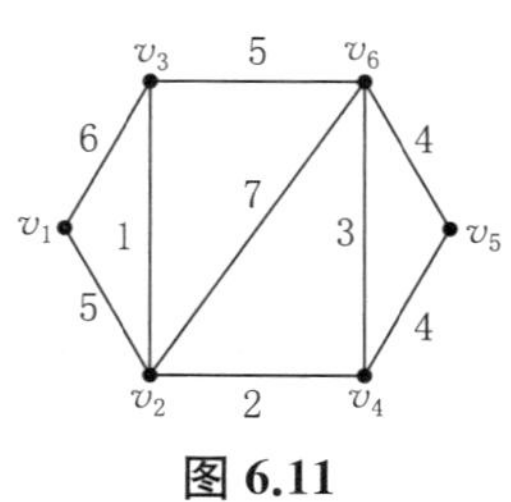

图 6.11

【定义 6.8】 图 G 的所有可能支撑树中,总权重最小的树称为最小支撑树,简称最小树,记为 T^*。

目前,最为简便的求最小树 T^* 的算法是 1956 年由 Kruskal 基于避圈和贪心思想上提出的,后来被命名为 Kruskal 算法。其求解思路是:每次取尚未选过的边中权最小的边且不构成圈。

【例 6.3】 求左图所示赋权图 G 的最小树 T^*。

【解】 按 Kruskal 算法求解思路,计算过程如图 6.12 所示。

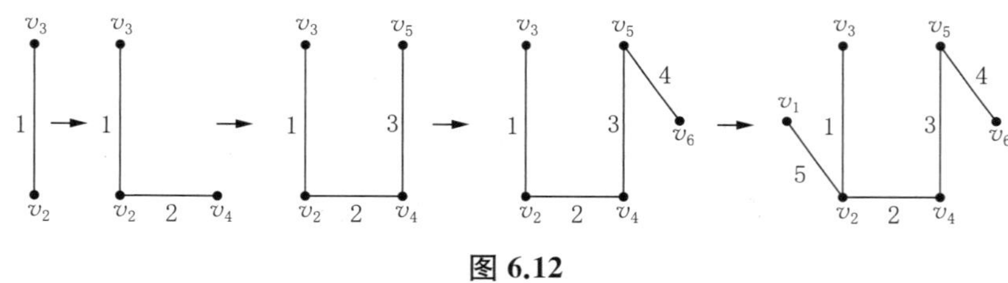
图 6.12

第 4 节 Steiner 最小树

一、问题起源

对 Steiner 树的讨论最早可上溯到 17 世纪初,1634 年,法国数学家费马(Pierre de Fermat)写了一本关于求某些曲线切线的小册子,其中便提到了这样一个问题:设在平面上给定三个(构成等边三角形顶点的)点 A、B、C,试求第四个点,使之到这三个点的距离之和最小。该问题在 17 世纪由意大利数学家 Torricelli 解决,其做法是由这三个点构成一个等边三角形,在每条边上各自向外作一个等边三角形,然后为每个等边三角形作外接圆,则三个外接圆的交点即为所求的点。

图 6.13　数学家费马

图 6.14　数学家斯坦纳

19 世纪初，著名几何学家、瑞士人斯坦纳（J.Steiner）将此问题推广到 n 个点，该推广了的问题后来即以其名字命名为 Steiner 问题：

在平面上任意给定 n 个点 A_1，…，A_n，应如何求一点 P，使得 $\sum_{i=1}^{n} |A_iP|$ 最小，这里的 $|A_iP|$ 表示从 A_i 到 P 的距离。

数学史研究表明，Steiner 问题还曾被大数学家高斯（Gauss）研究过。Gauss 有个做铁路工程师的儿子曾经问过其父亲如何用最短的铁路将四座城市连起来，Gauss 在回信中给出了详尽的解答。在网络通信领域中，该问题被一般化地提为：如果要在 n 个区域之间铺设通信网，使得各区域之间能实现信息的共享，那么应如何铺设才能使通信线路的总长最短？

图 6.15　数学家高斯

Steiner 本人虽然未曾对该问题做过任何具体贡献，但这一问题却引起不少人的注意。由于在数学上无法解决，有人还为之设计出某些简单的机械来求此点 P。

1934 年，V.Jarnik 和 M.Kossler 曾提出现在通行的 Steiner 树问题：

对于平面上给定的 n 个点 A_1，…，A_n，如何求出一个连接这 n 个点的最小网络。即，所引进的不是一个 P 点，而是由一些线段构成的连接这 n 个点的一个最小连通网络。

1941 年，R.Courant 和 H.Robbins 在其所著的《数学是什么》(What is Mathematics)一书中又提出这一问题，并称 Steiner 对 Fermat 问题所做的只是一种浅薄的推广，要对该问题做出真正有意义的推广，所应考虑的不是用一个点去连接所给定的 n 个点，而应是用一个最短网络去连接。如此一来，问题的应用范围大为扩大，难度也大为增加。Courant 和 Robbins 仍将这一问题叫作 Steiner 最小树问题。

Steiner 树问题大体可分为欧氏的、绝对值的以及图的等几个重要方面，其中最早被研究的则是欧氏 Steiner 最小树问题。

Steiner 最小树问题在现代生产生活中应用十分广泛，如大规模集成电路的布线、通信网的设计及管道铺设等诸方面，因此，Steiner 树问题多年来一直都是研究者关注的焦点。

二、问题概述

我们从一个求最短连接的问题说起，有 4 个城市分别位于正方形的 4 个顶点(如图 6.16 所示)，现在的任务是设计一个道路网络，使得：(1)每个城市都与其他城市连通；(2)道路的总长最短。

允许道路相互交叉，即可从一条道路切换到另一条道路。有很多种满足条件 1 的可能设计，图 6.17 展示了 3 种不同的情况。

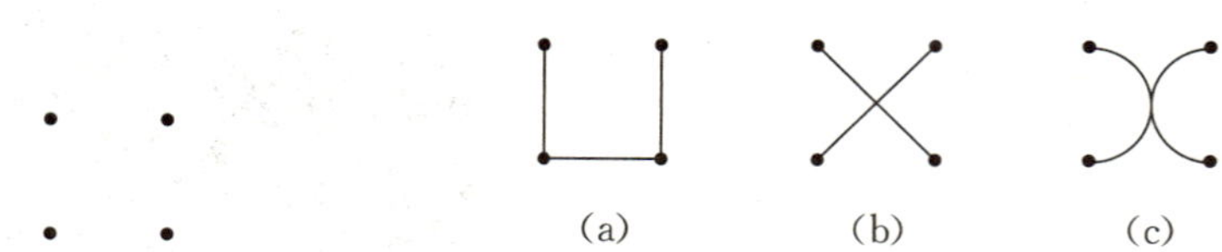

图 6.16　四座城市示意图　　**图 6.17　四座城市的 3 种连接方法**

但是需要注意的是，每种网络的总长度不同。假定正方形的边长为 1，则方案(a)的总长为 3，方案(b)的总长为 $2\sqrt{2} = 2.828427$，方案(c)的总长为 $\pi = 3.14159$，三者的差别很大。

该问题的最优解如图 6.18 所示，并不显而易见。此时，交叉道路间的夹角均为 120°，网络的总长为 $1 + \sqrt{3} = 2.732$。

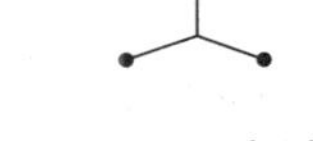

图 6.18 四座城市的最小连接方法

上述问题可抽象成一般的二维 Steiner 树问题：

给定二维平面上的若干个点，设计一个连接网络，使得整个网络的总长尽可能小。

该问题可以更为规范地描述为：

给定原点集 X(也称正则点集)，二维欧氏 Steiner 最小树是指在欧氏平面上连接点集 X 中所有点的最短树。

由于允许增加辅助点集 S(s-点集)，因此，欧氏 Steiner 最小树问题的本质就是寻求点集 S，使得连接 $X \cup S$ 的支撑树(或生成树)最小。

三、基本性质

二维欧氏 Steiner 最小树具有如下一些重要性质(证明略)：

【性质 6.4】 每个 s-点必定连接至少 3 个点。

【性质 6.5】 关于 n 个原点的欧氏 Steiner 最小树至多有 $n-2$ 个 s-点。

【性质 6.6】 给定欧氏平面上的三点 A、B、C：

(1) 当 A、B、C 构成的三角形有一个内角大于或等于 120°时，Steiner 最小树就是这三点的最小支撑树，即 $\triangle ABC$ 三条边中两条较短的边；

(2) 当 A、B、C 构成的三角形三内角皆小于 120°时，Steiner 最小树有一个 s-点(记为 S)并位于$\triangle ABC$ 内部，且 $\angle ASB = \angle BSC = \angle ASC = 120°$。

【性质 6.7】 在含 n 个原点的 Steiner 最小树中：

(1) 任意两条边的夹角至少为 120°；

(2) 每个 s-点恰有三条边与之关联，且这三条边中任意两条边之间的夹角均为 120°。

四、Steiner 比

1977 年，Garey、Graham 以及 Johnson 等人证明了 Steiner 最小树问题在计算意义上的困难性，因此，求解 Steiner 最小树问题的主要途径就是寻找有效的近似解。由于求点集 P 的最小支撑树比较容易，而其长度又与 Steiner 最小树的长度较接近，因此，人们自然而然地就想到用它作为近似解来使用。

若用 $L_S(P)$ 表示点集 P 的 Steiner 最小树长度，$L_M(P)$ 表示点集 P 的最小支撑树长度，则称

$$\rho = \inf_{P} \frac{L_S(P)}{L_M(P)}$$

为 Steiner 比。

与 Steiner 比问题有关的一个历史事件，发生在几十年前的美国贝尔电话公司。由于一些大型企业具有处于不同场所的多个分部，分部之间的电话网络是通过租用电话公司的服务网络连通的。在 1967 年以前，贝尔公司一直采用按照最小支撑树长度收费的原则，而不允许添加额外的 Steiner 点。到了 1967 年，一家精明的航空公司意识到了这一点，他们要求贝尔公司增加一些服务点，而这些服务点恰好位于构造该公司各分部的 Steiner 最小树所需添加的 Steiner 点上。这使得贝尔公司不仅要拉新线，增加服务网点，而且还要减少收费。这件事的连锁反应迫使电话公司改变了坚持长达 10 年的按最小支撑树长度收费规则，此后就开始采用 Steiner 最小树原则。于是，对于 Steiner 最小树问题以及新旧收费方式之间差别的研究就显得尤为重要。

贝尔实验室数学中心主任 Pollak 和研究员 Gilbert 对 Steiner 比问题作了许多研究，并根据自己多年研究所得于 1968 年提出如下猜想(称为 Gilbert-Pollak 猜想)：

对欧氏平面上的任何有限点集，其 Steiner 最小树同最小支撑树的长度之比(即 Steiner 比)不小于 $\sqrt{3}/2$。

遗憾的是，他们没能证明该猜想。

20世纪90年代,堵丁柱、黄光明以及越民义等人都给出了各自的证明,有兴趣的读者可参阅相关文献。

【附记1】 费马(Pierre de Fermat 1601—1665),法国数学家,被誉为"业余数学家之王"。1601年8月17日出生于法国南部,14岁入公学,其后在大学学习法律,毕业返乡后,于1631年当上图卢兹议会议员,七年后升任调查参议员。在娶了其舅表妹后,于自己的姓名上加上了贵族姓氏标志"de",并育有三女二男。1665年元旦后不久去世,被安葬在卡斯特雷斯公墓,后改葬于图卢兹的家族墓地中。费马生性内向,谦抑好静,不善推销自己,更不善展示自我,因此生前极少发表自己的论著,即使一些发表的文章,也总是隐姓埋名。对他而言,真正的事业是学术,尤其是数学。他通晓法语、意大利语、西班牙语、拉丁语和希腊语,而且还颇有研究。其主要贡献有:(1)独立于Descartes发现了解析几何的基本原理;(2)建立了求切线、极大值和极小值以及定积分方法,对微积分做出了重大贡献;(3)概率论;(4)数论中的大量重要成果,如著名的费马大定理、费马小定理;(5)光学中的最小作用原理。费马一生从未受过专门的数学教育,数学研究也仅是业余爱好。然而,在17世纪的法国还找不到哪位数学家可以与之匹敌。他是解析几何的发明者之一,对于微积分诞生的贡献仅次于Newton和Leibniz,又是概率论的主要创始人,以及独承17世纪数论天地的巨人。

【附记2】 斯坦纳(Jacob Steiner 1796—1863),瑞士数学家。开智较晚,14岁时才学会读和写,18岁时不顾父母反对去上学,后赴Heidelberg和Berlin大学深造。生活困顿,以家教微薄的收入维生。1826年创办Crelle杂志,深受数学家喜爱。1830年,几何发展史上至少有两件大事,一是罗巴切夫斯基发现的非欧几何学,另一个就是斯坦纳发展起来的反演几何学。最早由费马提出的连接三点的最短路线问题,在斯坦纳手中被进一步推广,但据考证,斯坦纳对问题的解决并没有直接的贡献。

【附记 3】 **高斯**(Johann Carl Friedrich Gauss 1777—1855),德国数学家、物理学家和天文学家,和阿基米德(Archimedes)、欧拉(Euler)、牛顿(Newton)一起被誉为有史以来四位最伟大的数学家之一,有“数学王子”之称。1777 年 4 月 30 日生于德国一个工匠家庭,1855 年 2 月 23 日卒于哥廷根。幼年家境贫困,但聪敏异常,表现出超人的数学天才,受一贵族资助才进学校受教育。11 岁就发现了二项式定理,15 岁时发现质数分布定理,17 岁时发明了二次互反律。1795 年至 1798 年,在哥廷根大学学习,第二年发现正十七边形的尺规作图法,并给出可用尺规作出正多边形的条件,解决了自欧几里得以来两千多年悬而未决的难题。高斯视此为生平得意之作,还特意交待将来要把正十七边形刻在他的墓碑上,但后来其墓碑上并没有刻上十七边形,而是十七角星,因为负责刻碑的雕刻家认为,正十七边形和圆太像了,大家一定分辨不出来。1798 年,高斯转学,22 岁时因证明代数学基本定理而获博士学位,后来,还陆续给出另外 3 个不同的证明。1801 年,高斯在 24 岁时出版了用拉丁文写成的《算学研究》(Disquesitiones Arithmeticae)。1802 年,因准确预测了小行星二号——智神星的位置,其声名大振。1804 年,高斯当选为英国皇家学会会员,并从 1807 年起一直担任哥廷根大学教授兼哥廷根天文台台长。1855 年 2 月 23 日清晨,高斯在睡梦中安详去世。高斯的成就几乎遍及数学的各个领域,在数论、非欧几何、微分几何、超几何级数、复变函数论以及椭圆函数论等方面均有开创性贡献,并把数学应用于天文学、大地测量学和磁学的研究,还发明了最小二乘法原理。由于在数学、天文学、大地测量学和物理学中的杰出成果,高斯被选为许多科学院和学术团体的成员。物理学中的磁感应强度单位,也是为纪念高斯而命名。为人熟知的德国 10 马克纸币以及一些邮票上都印有高斯的头像,此外,还有一个以其名字命名的高斯奖。

练 习 题

1. 某村耕地如图所示,其中的线段表示分隔各小块田地的堤埂。为了灌溉,必需挖开一些堤埂,以使水能流到每小块田地。问:最少应挖开几条堤埂?(提示:需将图进行转换)

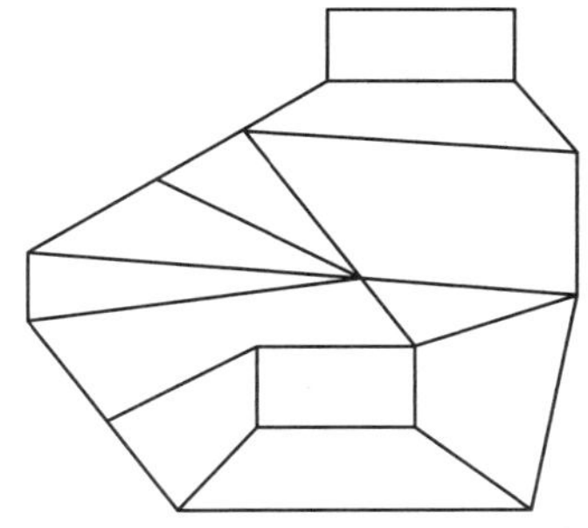

2. 已知如图所示的网络为 8 个居民点的位置及其连接的道路与路长,现要考虑选一个居民点设置邮局,使各居民点到邮局的路长总和最短,应如何设置?另,如果是设置消防站或救护站,则又该设在何处?

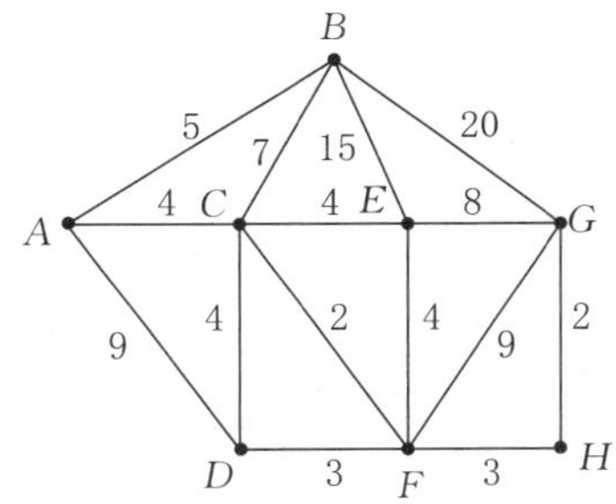

思 考 题

1. 在例 6.1 中,若 v_8 只和 5 个人握过手,其他条件不变,则结论依然成立。更进一步地,若 v_8 仅和 4 个人握过手,其他条件不变,则结论仍然成立。

2. 美国社会心理学家米尔格伦提出了"六度分离"理论:"你和任何一个陌生人之间所间隔的人不会超过五个,即,最多通过五个人你就能认识任何一个陌生人。"根据这个理论,试举例说明。

第七章　日常出行的优化：最短路问题

第1节　最短路及其算法

许多事物之间的关系可以转化为点与线组成的图形来直观地表现，而事物之间的关系又可分成两类：一类是互相对称的，如两个城市间距离的关系；另一类是不对称的，如城市中两个地点由单行车道连接的关系。显然，单纯的点线图未能体现带某种倾向性的不对称事物关系，为此，可在线上加箭头来表示方向，从而反映这一信息。这种箭线图被形象地称为有向图，相对应的，之前所讨论的图则称为无向图。

一、有向图

给定一个有向图 D，若去除弧上的方向，则对应得到唯一的无向图 G。此时，G 称为 D 的基础图；反之，一个无向图 G，由于可用不同的方式来标上方向，故可伴生多个有向图。

无向图中的许多概念与术语(如链与圈等)可沿用于有向图中，但仍有一些不同之处。有向图与其基础图相对照，有下列对应关系：

表 7.1

D	弧	路	回路
G	边	链	圈

二、最短路问题

最短路问题是最重要的网络优化问题之一，它不仅可直接用于解决现实世界中的许多问题，如管道铺设、线路安排、厂区布局、设备更新等等，而且常常被作为一个基本工具,用于解决其他优化问题。此外,许多优化问题往往可转化为求图上的最短路,这方面的研究工作已取得相当丰富的成果,迄今为止,可用的求解算法已不下数十种。

最短路问题按其不同的要求,可分成下列三种类型:

1. 求两个定点之间的最短路;

2. 求一个定点到其他各点的最短路;

3. 求各点对之间的最短路。

不失一般性,可假定图中无环,以及多重弧只是由两条互为反向的弧组成的二重弧。

【例 7.1】 (渡河问题)这是一个古老的趣味数学问题,在世界不同国家与民族中有着不同的表述形式。今有一人携带狼、羊、菜,欲从一条小河的此岸渡往对岸。河边仅有一条小船,容量为 2。当人不在场时,狼要吃羊、羊要吃菜。问:应怎样渡河,才能使大家安全到达对岸,且小船在河上的来回次数最少。

【解】 记 M 代表人、W 代表狼、S 代表羊、V 代表菜。以河的此岸为考察基点,则开始状态为 MWSV,结束状态为 Φ。经枚举,现共有 16 种状态:MWSV、MWS、MWV、MSV、WSV、MW、MS、MV、WS、WV、SV、M、W、S、V、Φ。其中,有 6 种不允许出现(会导致冲突情况),即:WSV、MW、MV、WS、SV、M。于是,可能的状态仅有 10 种。以每个状态作为顶点,构造相应的图(如图 7.1 所示),其中,边的连接原则为:若状态甲经一次渡河可变为乙,则连一条边。从而,渡河问题就转化归结为求 MWSV→Φ 的最短路问题。

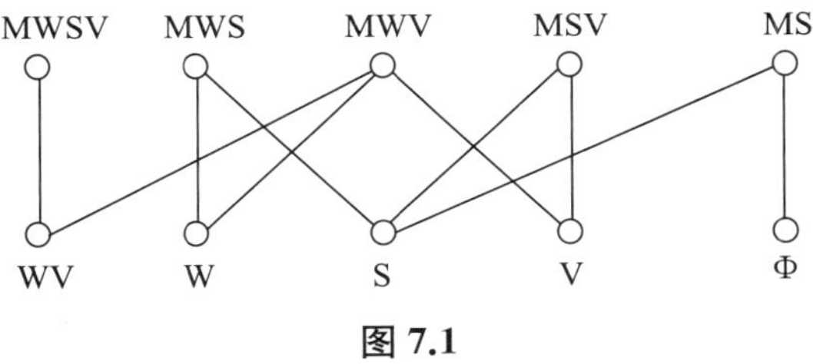

图 7.1

三、最短路算法

1964 年，Ford 提出了可求解含负权最短路问题的递推标号算法，可同时适用于有向图和无向图的情况。这里，我们仅介绍最常用的用于权重非负的最短路问题求解的迪杰斯特拉算法（1959 年）。

图 7.2　荷兰计算机科学家迪杰斯特拉

设非负赋权简单图 $G=(V, E, W)$，V 中含 n 个点，求始点 v_1 至终点 v_n 的最短路及其路长。

迪杰斯特拉算法也称标号法，可用于求解从一个给定出发点到其他各点的最短路及其路长。算法要点是对点 $v_i(i\neq 1)$ 用两种标号：先用临时标号 t_i（v_1 到 v_i 最短路长的某个上界），再用固定标号 r_i（v_1 到 v_i 的最短路长）。每作一次迭代，就将至少一个 t_i 点变为 r_i 点（也称作"将未着色点着色"），至多经 $n-1$ 次迭代，v_n 变为 r_n^* 点，于是可得到 v_1 至 v_n 的最短路长，再反向追踪，定出最短路。计算过程中，以 V_t 表示 t_i 点集，V_t 中元素将由多变少，直至最后成为空集。

Dijkstra 算法的计算步骤如下：

步骤 1： 对始点 v_1 作固定标号 $r_1^*=0$，其余点 v_j 作临时标号 $t_j=\infty$，$V_t=\{v_2, v_3, \cdots, v_n\}$。

步骤 2： 设当前已得到一个或多个 v_i 的固定标号 r_i^*，对 $v_j\in N(v_i)\cap V_t$，修改 v_j 的临时标号为 $t_j=\min\limits_i\{t_j, r_i^*+w_{ij}\}$，其中，右端的 t_j 是原值，左端的 t_j 为修改值。

步骤 3： 对 $v_j\in V_t$，取 $\min\limits_j t_j=t_j^*$ 为对应点 v_j^* 的固定标号，$V_t=V_t-\{v_j^*\}$。

步骤 4： 当 $V_t=\Phi$ 时，得 r_n^*，再从 v_n 出发，反向追踪，确定最短路 R_n^*。若 R_n^* 中 v_j 已确定，按式 $r_j^*-w_{ij}=r_i^*$，确定前一点 v_i；否则，转**步骤 2**。

实际上，所有点最后得到的固定标号正是 v_1 到各点的最短路路长。用于有向图时，只需取 $v_j \in N^+(v_i) \cap V_t$ 即可。

【例 7.2】 求图 7.3 中从 v_1 至 v_8 的最短路及路长。

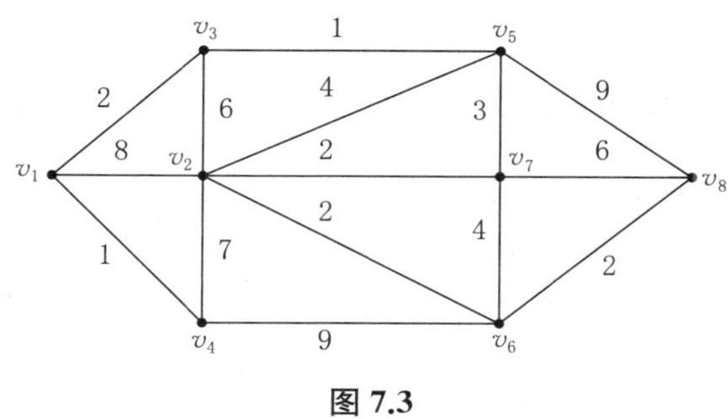

图 7.3

【解】 计算过程可列表如下：

表 7.2

$[r_i^*]$, t_j	0	1	2	3	4	5	6	7
v_1	[0]	—	—	—	—	—	—	—
v_2		8	8	8	7	[7]	—	—
v_3		2	[2]	—	—	—	—	—
v_4		[1]	—	—	—	—	—	—
v_5				[3]	—	—	—	—
v_6			10	10	10	10	[9]	—
v_7					[6]	—	—	—
v_8					12	12	12	[11]

表中空格对应的值为 $+\infty$，固定标号加方括弧，短横线格是同一行固定标号重复书写的简化，于是，最终可得最短路 $\{v_1, v_3, v_5, v_2, v_6, v_8\}$，路长为 11。

由以上计算过程可知，每迭代一次，固定标号个数就会增加。作第 $k+1$ 次迭代时，在第 k 次迭代时才取得固定标号的点之各邻点的临时标号重新检查一遍，有的得以保留，而有的可能改进。最后，在当前所有临时标号中取出最小值，其对应的点就作为新增加的固定标号点。当然，一个最小值可对应多个点，从而，一次迭代有可能同时得到多个固定标号点，总迭代次数不超过 $n-1$。

第 2 节　中国邮递员问题

我国数学家管梅谷于 1959 年提出并解决了如下所述的网络优化问题，后被命名为中国邮递员问题(或中国邮路问题)：

现有一名邮递员，欲从邮局出发递送邮件，需走遍其投递范围内每一条街巷至少一次后，再返回邮局。邮递员希望既能走遍每条街巷又能使总行程最短，也就是尽可能不走或少走回头路，应如何完成投递任务。

显然，这里的邮件并非是投递对象随机变化的信函，而是每日确定的报刊之类。

中国邮递员问题可以抽象为一个连通图，每条边都有一个非负权重，现要求一个圈，过每条边至少一次，并使圈的总权重最小。

该问题的解决涉及欧拉图的概念。

【定义 7.1】　若连通图 G 中存在含所有边的简单链 C，则 C 称为 Euler 链；若 C 为圈，则称为 Euler 圈。当 G 存在 Euler 圈时，G 被称为 Euler 图。

由此定义可知：若 G 有非闭 Euler 链，则 G 可一笔画成，始点与终点必不相同；若 G 有封闭 Euler 圈，作一笔画时，始点与终点一定重合。

由于要求邮递员送完邮件后必须返回邮局，其投递路线就成为一个圈，从而中国邮递员问题与 Euler 图势必发生密切的关系。事实上，若所走街巷恰是一个 Euler 图时，则此 Euler 图所对应的 Euler 圈显然是一条不走任何回头路的最优投递路线。由此可见，判断一个图是否为 Euler 图就显得十分重要。

【定理 7.1】　图 G 为 Euler 图的充分必要条件为 G 连通且无奇点。

证明略。

上述定理提供了一个判别 Euler 图的有效方法。

对于非闭的 Euler 链，则有下述同样明确的结论。

【定理 7.2】　图 G 有非闭 Euler 链的充分必要条件为 G 连通且恰有两个奇点。

证明略。

鉴于一般意义下的中国邮递员问题求解涉及较多的技术细节，这里不再展开和叙述。

第3节　旅行商问题

一、历史起源

在相当长的时间里，许多运筹学方面的想法都被用于解决一种特殊的路径难题：旅行商问题（Traveling Salesman Problem，简记作 TSP）及其变型。由于翻译不统一，TSP 也时常被称为推销员问题、售货员问题、货郎担问题或货郎问题等。实际上，TSP 是一个简短且易于表述的问题：

已知若干城市以及每对城市间的旅行距离，现需要寻找总行程最短的路径，使得能够恰好访问每个城市一次，且最终回到出发点。

如果从城市 X 到城市 Y 和从城市 Y 到城市 X 的距离是相同的，则问题就是对称型的，否则就是非对称型的。对于对称型 TSP 而言，所要求的仅仅是确定访问这些城市的顺序。

这个能让普通人在几分钟内就可理解的游戏之作，却延续至今仍未能完全解决，成了一个世界难题。

TSP 有着明显的实际意义，如，邮局里负责到各信箱开箱取信的邮递员，以及去各分局送邮件的汽车等，都会遇到类似的问题。有趣的是，还有一些问题表面上看似乎与 TSP 无关，但实质上却可以归结为 TSP 来解决。

1759 年，数学家 Euler 和 Vandermonde 最早研究了所谓的骑士环游（Knight's tour）问题。

1856 年，爱尔兰数学家汉密尔顿爵士研究了后来以其名字命名的 Hamilton 圈和 Hamilton 图问题。

20 世纪 20 年代，数学家兼经济学家 Karl Menger 在他的同事中公开了这个问题。

1931 年，人们第一次使用了"旅行商问题"这个提法。

图 7.4　数学家汉密尔顿及其使用过的计算器具

Der

Handlungsreisende

wie er sein soll

und was er zu thun hat, um Aufträge
zu erhalten und eines glücklichen Erfolgs
in seinen Geschäften gewiß zu sein.

Von
einem alten Commis - Voyageur.

Ilmenau 1832,
Druck und Verlag von B. Fr. Voigt.

图 7.5　最早探讨旅行商问题的正规文献(古哥特体德语)

至20世纪40年代,统计学家Mahalanobis(1940)、Jessen(1942)、Cosh(1948)和Marks(1948)开始把TSP用于农业应用。RAND公司的数学家Merill M.Flood使得TSP受到了同事们的广泛关注。在那些年里,TSP成了组合优化中出了名难解问题的典型,因为逐个检验每一条可能的路径实在太过困难。

1949年,J.Robinson(因Hilbert第十问题方面的工作而知名)发表了“On the Hamiltonian Game”一文,提出了一种解决方法。

20世纪50年代,G.B.Dantzig、Johnson等人(1954)提出了一系列的TSP解法,后来通过M.Grotschel、S.Hong、M.Junger、M.Padberg等人的工作,这些解法有了进一步的发展。

1955年,G.Morton和A.H.Land提出了新的解法,主要是用线性规划来解TSP,得出一些有趣的结果,如用3-Opt法研究其影响。

1959年,G.B.Dantzig等人具体解决了10个城市的TSP,并给出了详细的步骤。

20世纪60年代初,Richard Bellman对TSP使用了动态规划工具来解决。同在这段时间里,M.F.Dacey公布了一种新的解决TSP的自适应方法。

1963年,J.D.C.Little、K.G.Mutry、D.W.Sweeney和C.Karel设计了在IBM7090计算机上运行的分支定界法。

1964年,R.L.Kang和G.L Thompson将自适应方法应用到一个含57个城市的TSP,后来,又解决了多达105个城市的TSP。

1971年,R.M.Karp和M.Held提出了一种嵌入最小1-树界的分支定界算法,并求解了含42个城市、57个城市和64个城市的TSP算例。

1976年,P.Miliotis将整数规划应用于TSP,并用子回路消去不等式等技法设计了一种富有新意的分支切割(Branch-and-Cut)算法。其后,关于寻找有效割平面的各种思路陆续出现,这方面的工作一直延续到20世纪90年代。

20世纪末期,一系列别出心裁的来自其他学科领域的新型算法被相继用于TSP的求解和测试,如:遗传算法、模拟退火法、禁忌搜索法、人工神经网络算法、蚁群算法等,为TSP提供了智能化的解决手段。

二、经典算法

1. 精确型算法

主要包括割平面法、分支定界法、动态规划法、分支切割法等。

由于 TSP 在计算上的困难性，这些精确型方法一般仅能求解很小规模的问题，实用性较差。

2. 启发式算法（或近似算法）

（1）最近邻法

该算法思想源于贪心策略，主要适用于对称型 TSP 的快速求解。

步骤 1. 任取一出发点；

步骤 2. 依次取最近的点加入当前解中，直至形成回路解。

具体实施中，可将出发点取遍顶点集中各点，从而得到多个解，再从这些解中选择最好的一个，但此时的计算时间会增加 n 倍。

（2）插入算法

包括最近插入法、最小插入法、任意插入法、最远插入法、凸核插入法等，细节从略。

（3）Clark-Wright 算法（略）

（4）双生成树算法（略）

（5）Christofides 算法（略）

（6）r-opt 算法

该方法是一种局部改进搜索算法，由 Lin 等人（1965）提出，其核心思想就是对给定的初始回路，通过每次交换 r 条边来改进当前的解，一般仅使用 2-opt 算法和 3-opt 算法，且主要适用于对称型 TSP。

对于 3-opt，已有经验公式表明，其求得最优解的几率近似为 $2^{-n/10}$，例如，对于 $n=50$，有 $p=2^{-50/10}=0.03$，即，只要随机选取 150 条初始路线，则求得最优解的可能性将高达 99%。迄今为止，3-opt 算法仍是一种相当有效的近似算法。

（7）混合算法（略）

三、智能算法

1. 遗传算法(Holland，1975)

2. 模拟退火法(Kirkpatric，1983)

3. 人工神经网络算法(Hopfield，1985)

4. 禁忌搜索法(Glover，1989)

5. 蚁群算法(Dorigo，1991)

因智能优化算法中一般都带有随机性因子，所以，具体计算往往需要借助计算机来实施，几乎无法靠人工完成。

四、TSP 标准测试库：TSPLIB

由于 TSP 所具有的特殊代表性，大量新开发的组合优化算法往往以其为试金石进行测试，从而验证方法的实际有效性。现在，国际上已专门形成一个 TSP 的问题实例数据库：TSPLIB，可从德国海德堡大学的主页上下载，网址如下：

http://www.iwr.uni-heidelberg.de/groups/comopt/software/TSPLIB95/

其中，收集了大量典型的 TSP 实例数据，以及车辆路径问题标准测试库 VRPLIB 等其他问题实例数据，并动态公布至今为止世界上对这些问题求解所得到的最好结果(基本都已被确证为最优解，少量的大规模问题尚无法得知是否为最优解)，任何人如能获得更好的结果，则该数据库中的结论将被刷新。

值得一提的是，TSPLIB 中收有一个中国 71009 城市的数据实例 ch71009，目前最好的结果是由 Hung Dinh Nguyen 获得的，总长度为 4 566 563 公里。

此外，《迷茫的旅行商：一个无处不在的计算机算法问题》(W.J.Cook 著，隋春宁译，人民邮电出版社，2013)一书中还列出了几个规模更大的 TSP 实例，如：

1. 计算机芯片应用问题(2006 年)

$n=85\,900$，已于 2009 年用 Concorde 软件中的 Branch-and-Cut 方法求得最优解。

2. 艺术收藏品问题

$n=100\,000$(蒙娜丽莎问题)，$n=200\,000$，最优解都未知！

3. 世界旅行商问题

$n=$ 1 904 711，迄今为止规模最大的 TSP 实例，已估算出上下界，但最优解未知！

第 4 节　车辆路径问题

目前，TSP 的应用范围已遍及从传统的物理、化学等学科范畴一直到现代的计算机科学、机器人、VLSI 布线以及工件排序、生产调度等科学技术、管理和社会生活的许多领域。此外，TSP 的问题形式也从原来的单一模式扩展延伸出许多变型问题，如：多人 TSP、带时间窗的 TSP、瓶颈 TSP、多目标 TSP、车辆路径问题（VRP）等等。其中，车辆路径问题由于在物流配送领域中的突出地位，显得尤为重要。

车辆路径问题（Vehicle Routing Problem，简记作 VRP）最早由 Dantzig 和 Ramser 于 1959 年提出，此后，很快就引起运筹学、应用数学、组合数学、图论与网络分析、物流科学、计算机应用等学科的专家以及运输计划制定者与管理者的极大重视，成为运筹学与组合优化领域的前沿与研究热点问题。

一般意义下的 VRP 可描述如下：

寻找从一个或多个初始点出发，到多个不同位置的城市或客户点进行服务的最优送货巡回路径，即设计一个总耗费最小的路线集，使其满足：

1. 每个城市或客户只被一辆车访问一次；

2. 所有车辆从起点出发再回到起点；

3. 某些约束条件被满足。

最通常的约束包括容量限制（Capacitated VRP，简称 CVRP）、时间窗限制（VRP with Time-Windows，简称 VRPTW）等。

CVRP 是各种 VRP 的基本形式，只有一个固定的出发点，且该结点的编号为 1，需要受到车容量的限制，并规定每辆车的容量相等，即任何一辆车在行驶路径上所提供的货物总量不能超出车辆的装载能力。

由于 VRP 中每辆车的路线类似 TSP 回路，因此其求解的困难性中自然就包含了 TSP 的求解难度。

【附记 1】 Edsger Wybe Dijkstra(1930—2002),荷兰计算机科学家。在祖国荷兰获数学和物理学学士以及理论物理学博士学位,2000 年退休前一直是美国 Taxas 大学的计算机科学和数学教授。提出了以其名字命名的第一个最短路算法,并以发明 ALGOL 这一第二代计算机编程语言而获得 1972 年的图灵奖。

【附记 2】 William Rowan Hamilton(1805—1865),爱尔兰数学家、物理学家。1805 年 8 月 4 日生于爱尔兰都柏林,1865 年 9 月 2 日卒于都柏林。自幼聪明,被誉为神童。3 岁就能读英语,会算术;5 岁能译拉丁语、希腊语和希伯来语,并能背诵荷马史诗;9 岁便熟悉波斯语、阿拉伯语和印地语;14 岁时,因在欢迎波斯大使宴会上用波斯语与大使交谈而风光一时。对天文学有强烈爱好,常用自己的望远镜观测天体,并阅读 Laplace 的《天体力学》,于 1822 年时指出此书中的一个错误。同年开始进行科学工作,对曲线和曲面的性质进行了系列研究,并用于几何光学。1823 年 7 月 7 日,Hamilton 以入学考试第一名的成绩进入著名的三一学院,获正规大学训练,后因成绩优异而多次获得学院古典文学和科学的最高荣誉奖。在 1823 年到 1824 年间,完成了多篇有关几何学和光学的论文,引起了科学界的重视。1827 年 6 月 10 日,年仅 22 岁的 Hamilton 被任命为天文台的皇家天文研究员和三一学院的天文学教授。1832 年,成为爱尔兰皇家科学院院士。Hamilton 从 S.T.Coleridge 的作品中了解到康德哲学,并读完其《纯粹理性批判》,书中的哲学观点对 Hamilton 后期工作有很大影响。1834 年,发表了历史性论文"一种动力学的普遍方法",成为动力学发展过程中的新里程碑。1835 年,在不列颠科学进步协会上被选为主席,同年被授予爵士头衔。1836 年,皇家学会因 Hamilton 在光学上的成就而授予其皇家奖章。1837 年,被任命为爱尔兰皇家科学院院长,直至 1845 年。1843 年,正式提出四元数,成为代数学中一项重要成果。1863 年,新成立的美国科学院任命 Hamilton 为 14 个外国院士之一。Hamilton 的研究工作涉及许多领域,最主要的是光学、力学和四元数,在科学史上影响最大的就是其对力学的贡献。

练　习　题

1. 某地 18 个城市间的公路网如下图所示，问：从 A 到 R，中间至少要经过几座城市？

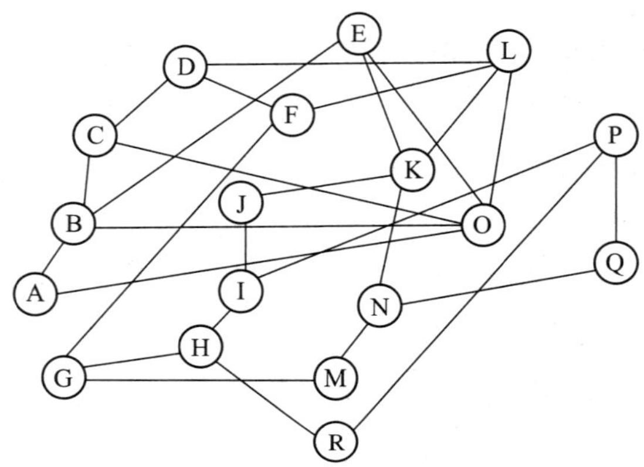

2. 已知对称 TSP 问题的距离矩阵(点到点之间的直接距离)如下：

$$\begin{bmatrix} \infty & 10 & 8 & 18 & 14 \\ 10 & \infty & 7 & 11 & 4 \\ 8 & 7 & \infty & 6 & 5 \\ 18 & 11 & 6 & \infty & 9 \\ 14 & 4 & 5 & 9 & \infty \end{bmatrix}$$

试着找出其最优解或近似解。

思　考　题

1. 一只 8 升的酒壶装满了酒，还有 2 只空壶，分别为 5 升和 3 升。试找出将酒平分的最简单方法。(提示：将问题转换为最短路问题)

2. (夜过吊桥问题)A、B、C、D 四人只有一个手电筒，需要在夜间过一座吊桥。桥身最多承载两人重量，且无论是一个人还是两个人过桥，都需人携带手电筒照明。A过桥需要1分钟时间,B需要2分钟,C需要5分钟,D需要10分钟。由于速度不同,两个人一起过桥的话,以慢的人为准。试求过桥的最佳方案。(注:该题曾出现在一些电脑游戏中,也曾被微软公司用作招聘面试题。)(提示:将问题转换为最短路问题)

3. 在《一千零一夜》所述关于阿里巴巴与四十大盗的传说中,当阿里巴巴念完咒语"芝麻,开门!"后,他发现自己神奇地进入了四十大盗藏宝的洞穴中。狂喜过后,他意识到自己面临一个组合优化问题:洞穴里所藏的值钱宝物太多,而他随身只有一个背包,无法将所有宝物都装进背包一起带走。他应挑选哪些宝物装进背包带走,且使得一次能带走的宝物总价值最大?

第八章　管理就是决策：诡异的决策论

第1节　基本概念

在日常生活中，我们每一个人或组织机构都离不开决策。个人的决策关系到个人的成败得失，组织的决策关系到组织的生死存亡，国家的决策关系到国家的兴衰荣辱。然而，一个人或一个群体决策所产生的后果，完全符合预期要求的并不多，总是或多或少地会偏离原来的设想，甚至有截然相反的情况。高明的决策者也只能是在重大决策问题上不出现大的偏离，而缩小这种偏离则正是决策研究的魅力所在。

决策是一种技艺，既有科学也需要艺术，它和其他任何技艺一样都有规律可循，同时又有无穷的改进潜力。我们中国的典籍《史记》、《资治通鉴》、《孙子兵法》、《盐铁论》等许多文献中都曾记载有丰富的决策思想、方法和案例。

尽管决策科学研究不可能改变决策者的信念或价值观，但却可以促使所选择的决策主题更确切地反映决策者的信念和价值观。设计活动是寻求多种途径解决问题的过程，在此过程中，决策者或其咨询人员发掘、构想和分析多种可行的能相互替代的行动方案，这种替代方案的探求过程意味着放弃现行行动方案而改用新的可行方案。由于设计活动强调多方案，因此，如果面临的仅仅只是一种可选方案，那就不存在所谓决策了。

一般而言，决策就是为作出决定而选择策略的意思，即为达到某种预定的目标，在若干可供选择的行动方案中，确定一个合适方案的过程。决策的正确或失误会给人们、企业以至国家带来效益或损失。如，对于企业来说，一个重大决策的失误，可能导致该企业濒于破产，而一个关键决策的成功又可能使该企业起死回生，可谓“一着不慎，满盘皆输；一着领先，全盘皆活”。

诺贝尔经济学奖获得者西蒙(H.A.Simon)最早提出了“管理就是决策”的现代管理学认识，作为运筹学分支之一的决策论，也是基于Simon理论中定量分析的思想方法而发展起来的。由于管理决策是针对存在问题或进取意愿，制定出各种可行的解决方案，选择并执行最佳方案的全部活动过程，因而可以说，决策贯穿于整个管理过程的始终。

图8.1　诺贝尔经济学奖获得者Simon

一、决策要素

任何决策问题，至少包含以下六个要素：

1. 决策者

作出决策的个人或集体，一般指领导者或领导集体。

2. 决策目标

即决策者要达到的目的。有的可以明确地以数量形式加以表示，有的只能以抽象形式来表述；有的只有一个目标，有的则需同时考虑多个目标。

3. 可行策略

即决策者用以达到目标的行动方案与实施手段。这是可控因素，一般用 $s_i(i=1, 2, \cdots, m)$ 表示某一策略，称为策略变量，其全体所构成的集合称为策略集，记为 $S=\{s_1, s_2, \cdots, s_n\}$，$S$ 又可称为策略向量。

4. 自然状态

即决策者无法控制而又对决策后果有重要影响的客观情况，属于不以人们意志为转移的不可控因素，简称为状态。一般用 $e_j(j=1, 2, \cdots, n)$ 表示某一状态，称为状态变量，其全体所构成的集合称为状态集，记为 $E=\{e_1, e_2, \cdots, e_n\}$，$E$ 又被称为状态向量。

5. 决策后果

即每一状态下对应每一策略所产生的结果。决策只有通过这些后果(受益或受损)，才能反映其目标实现情况，可表示为 S 与 E 的函数，记作 $z=f(S, E)$，称为决策函数。在不同的场合，决策函数有时也采用效益函数、损失函数、风险函数等不同的名称。

6. 策略评价

在已知上述几个要素之后，决策者最后需对策略进行评价、比较和选择，这可以表示为策略后果的函数，记作 $v=g(z)$，也称为评价函数。

【例 8.1】 为投产某种新产品，某厂需要对生产规模作决策。现有三种可供选择的方案：

s_1 建立新车间，作大规模生产；

s_2 改造原车间，达到中等产量；

s_3 利用原设备，作小批量试产。

未来市场对该产品的需求情况有如下 4 种可能：

e_1 需求量很大；

e_2 需求量较大；

e_3 需求量较小；

e_4 需求量极小。

经估计，各方案在这4种可能需求情况下的结果（利润额）如下表所示：

表 8.1

	e_1	e_2	e_3	e_4
s_1	80	40	−30	−70
s_2	55	37	−15	−40
s_3	31	31	9	−1

表中列出了策略、状态同决策后果之间的关系，其中的各个收益值构成了收益矩阵。

二、决策分类

关于决策的分类，按照不同的角度，可以有许多分法。

1. 按性质分类：战略决策与战术决策。

战略决策涉及系统生存、发展等有关全局性、长远性问题的重大决策。如，企业新产品开发确定方向、产品结构重大改变、总体组织体制调整与企业全面发展规划等。战术决策则是为实现战略决策的目标而进行的一系列决策，比战略决策更具体，所考虑的时期也短一些，如企业产品规格选择、工艺方案与设备改进等。

2. 按结构分类：程序化（常规化）决策与非程序化（非常规性）决策。

程序化决策是一种有章可循的决策，亦称为良性结构决策，一般可重复。非程序化决策一般是无章可循的决策，亦称不良结构决策，往往难以重复。两种决策类型在解决问题时，按不同方式所采用的不同技术比较如下表所示：

表 8.2

	程　序　化	非 程 序 化
传统式	经验习惯，标准规程	直观判断，创造性能力等
现代式	运筹学，管理信息系统等	培训决策者，人工智能等

3. 按决策的目标、变量和条件是否能量化分类：定量决策与定性决策。

定量决策较易用数学方法寻求最优方案，而定性决策较难用数学方法去解决，主要靠决策者的主观分析判断。

4. 按决策环境分类：确定型、风险型与不确定型决策。

确定型决策是指决策者掌握了全面的信息，能够判定未来的状态而仅选择一个策略，得到一种确切无疑的结果。风险型决策是指决策者掌握部分信息，可算出或估计出未来各种可能状态产生的概率。不确定型决策是指决策者没有掌握信息，对未来状态发生的可能性一无所知，无法估算出状态的概率分布，只能依据决策者的主观倾向进行决策。

5. 按决策过程的连续性分类：单项决策与序贯决策。

单项决策亦称静态决策，是指整个决策过程只作一次决策就得到结果。序贯决策亦称动态决策，是指整个决策过程需作出一系列相互关联的决策，而决策者关心的则是这一系列决策的总后果。

6. 按决策者所能控制的变量(决策变量)数目分类：单变量决策与多变量决策。

单变量决策是指作决策时要确定的只是一个变量的值。多变量决策是指作决策时需同时确定多个变量的值。决策变量可以是数量指标，如产量和劳动力数量，也可以是非数量指标，如产品方向和组织问题。决策变量可以是离散型的，也可以是连续型的。

7. 按决策所要实现的目标个数分类：单目标决策与多目标决策。

单目标决策是指决策所要实现的目标只有一个，如果要同时考虑多个目标，则是多目标决策。在现实的管理工作与实践中，往往都是多目标的决策。

三、决策程序

任何决策都是一个具有先后步骤的过程或程序，大致可分为如下四个步骤：

1. 调查研究，收集资料，提出存在问题，进行系统分析，然后确定决策目标。

确定决策目标为决策的前提，是科学决策中的一个首要步骤。目标一错，一错百错。因此，所考察的问题目标应具有针对性，即必须具体明确，在条件允许时，尽可能数量化。

2. 拟定各种可能的备选方案。

制定各种可供选择的方案作为策略，这是决策的必要条件。在拟定备选方案时，应明确限制性因素，即对完成所追求目标有妨碍的因素。

3. 分析评估，从各种备选方案中选出最合适的方案。

方案选择是决策的关键，首先须确定方案评选的标准：其一是确定价值标准，即什么样的方案才算好；其二是规定标准的要求程度，即方案要好到什么程度才符合要求。之后，决策者进行总体权衡，用科学的思维方法作出判断，从备选方案中选取其一，或综合成一，得出最后决策所应采用的策略。

4. 执行决策，控制反馈。

前三个步骤是某项决策从选择目标开始到作出决定为止的过程，但是，决策作出后尚须贯彻执行。决策制定和决策执行相结合，才构成科学决策的全过程。

在决策执行阶段，可返回检查决策是否正确，按实际情况及时对原决策作出必要的修正；或由于各种因素的不断变化以及新情况的出现而作出新的决策。这就要求实行控制反馈措施，采用一套追踪检查的方法，从而提高决策的可靠性与有效性。因此，完成决策的全过程一般是个动态过程。

最后，特别需要指出的是：信息是决策的基础，没有信息就无法进行科学决策。

第 2 节　不确定型决策

决策者在对环境完全不清楚的情况下进行决策，属于不确定型决策。对此类决策问题，往往不同类型的人会有不同的选择，以致决策后果也往往不同，而正是人这个因素，导致了这种看似诡异的现象。

这里，我们仅介绍几种最为简单的决策方法，这些方法归结为依据相应准则，借助表格的形式来表达，这种表格被称为决策表。

下面，借助例 8.1 的数据来依次予以说明。

一、悲观准则

这是一种“坏中求好”的保守准则，十分谨慎的决策者和实力不强的企业才有可能采用。它是从各种可能的客观状态中先找出最坏的那些状态，然后，从中再找出预期效果最好的策略。

对例 8.1 而言，从每一行找出最小值置于表的最右列（见表 8.3），再从该列中找出最大值－1，对应的策略为 s_3，即，决策者应选策略 s_3。

表 8.3

	e_1	e_2	e_3	e_4	min
s_1	80	40	－30	－70	－70
s_2	55	37	－15	－40	－40
s_3	31	31	9	－1	－1←max

二、乐观准则

这是一种“好中求好”的冒险准则，可供敢于承担风险的决策者和实力雄厚的企业所参考。它是从各种可能的客观状态中先找出最好的那些状态，然后，从中再找出预期效果最好的策略。

对例 8.1 而言，从每一行找出最大值置于表的最右列（见表 8.4），再从该列中找出最大值 80，对应的策略为 s_1，即，决策者应选策略 s_1。

表 8.4

	e_1	e_2	e_3	e_4	max
s_1	80	40	－30	－70	80←max
s_2	55	37	－15	－40	55
s_3	31	31	9	－1	31

三、折衷准则

如果认为悲观准则太保守，而乐观准则又太冒险，则可考虑将这两种准则结合起来，作某种折衷。具体做法为：

(1) 取定 $\alpha(0<\alpha<1)$，称为乐观系数，$1-\alpha$ 则称为悲观系数。

(2) 计算折衷值

$$u_i=\alpha\max_j\{a_{ij}\}+(1-\alpha)\min_j\{a_{ij}\}(i=1,2,\cdots,m)$$

(3) 选取 s_k，使得 $u_k=\max\{u_1,u_2,\cdots,u_m\}$，则 s_k 即为应选策略。

以例 8.1 而言，若系数 α 定为 0.7，则三个方案的折衷值如下：

$$u_1=80\times0.7+(-70)\times(1-0.7)=35$$

$$u_2=55\times0.7+(-40)\times(1-0.7)=26.5$$

$$u_3=31\times0.7+(-1)\times(1-0.7)=21.4$$

再从中找出最大值 $\max\{35,26.5,21.4\}=35$。

该最大值所对应的策略为 s_1，即，根据折衷准则，决策者应选策略 s_1。

显然，当 α 取值为 0 和 1 时，分别为悲观准则和乐观准则，故一般情况下，α 的取值在(0, 1)之间选择。

就例 8.1 而言，若 $\alpha<0.58$，则选中的将不是 s_1，而是 s_3。可见，系数 α 的取值对决策结果有相当影响。

四、均等准则

均等准则属于一种平均折衷的准则。当决策者没有充足的理由认为，哪个状态出现的可能性较大，哪个较小时，只能假定它们出现的可能性相等，所以，此准则称为均等准则。具体做法为：

(1) 计算各策略收益平均值

$$E(s_i)=\frac{1}{n}\sum_{j=1}^{n}a_{ij}\quad(i=1,2,\cdots,m)$$

(2) 选取 s_k，使得 $E(s_k)=\max_i\{E(s_i)\}$，则 s_k 为应选策略。

以例 8.1 而言，共有 4 种状态，每一种状态出现的几率均为 1/4，计算各策略的收益平均值：

$E(s_1) = (80 + 40 - 30 - 70)/4 = 5$

$E(s_2) = (55 + 37 - 15 - 40)/4 = 9.25$

$E(s_3) = (31 + 31 + 9 - 1)/4 = 17.5$

由于 $\max\{5, 9.25, 17.5\} = 17.5$，故决策者应选策略 s_3。

由以上讨论可知，不同的决策准则可导致采用不同的策略。对于不确定型决策问题，难以确定哪一种决策方法最好，因为它们之间并没有一个统一的评价标准。当然，如果各种不同的决策方法均得到同一策略，那么该策略被采用的理由将更为充分。

在现实生活和工作中，采用何种决策方法，还带有决策者相当程度的主观随意性。因此，决策者一般倾向于去获取有关各状态发生的可能性大小，使得不确定型决策问题能够转化为风险型决策问题来加以讨论。

第3节　风险型决策

风险，一般指可能发生的危险。对一个事件来说，意味着可能产生人们所不希望而又无法控制的后果。所谓风险分析，包括了事件发生的可能性大小和所产生后果的轻重两个方面。而风险决策，则指决策者根据各个自然状态的出现概率（称为状态概率），按有关的准则所进行的决策。

采用概率方法来处理决策问题，不论选择哪种策略，都要承担一定的风险。由于实际决策问题中很多都属于风险型决策，致使风险型决策成了现代决策论讨论的重点之一。

这里，介绍两种最常用也最简单的风险型决策准则。

一、最大可能准则

这是根据“一个事件的概率越大，它发生的可能性也越大”的道理，直接选择概率最大的状态进行决策。事实上，这种一步到位式的决策，其实质已基本等同于确定型决策了。

【例 8.2】 假定例 8.1 中，自然状态 e_1、e_2、e_3、e_4 所出现的概率分别为：0.45、0.35、0.15、0.05，则应如何决策？

【解】 由于 e_1（畅销）的概率 0.45 为最大，按最大可能准则，仅考虑 e_1 状态下的收益值。因 $\max\{80, 55, 31\} = 80$，所以决策者选择策略 s_1。

这种最大可能准则虽然简单可行，但却相当粗糙。一般而言，只有在各收益值差别不大，而各状态中某一状态概率比其余状态概率明显大得多的情况下，才适合加以采用。

二、期望值准则

这种准则先计算出各个策略的收益（或损失）期望值，然后再进行比较和选优。若问题考虑的是收益值，则选择收益期望值最大的策略，此时称为最大收益期望准则；若考虑的是损失（或后悔）值，则选择损失（或后悔）期望最小的策略，此时称为最小损失（或后悔）期望准则。

最大收益期望准则的具体做法如下：

(1) 计算各策略的收益期望值

$$E(s_i) = \sum_{j=1}^{n} a_{ij} p_j \quad (i = 1, 2, \cdots, m)$$

其中，p_j 是状态 e_j 出现的概率。

(2) 选取 s_k，使得 $E(s_k) = \max\limits_{i}\{E(s_i)\}$，则 s_k 为应选策略。

就例 8.2 而言，按最大收益期望准则可得：s_1 的收益期望值最大，故决策者应选策略 s_1。

【附记】 **Herbert Alexander Simon**(1916—2001)，美国著名的心理学家、经济学家、管理科学家、计算机科学家。1958 年获美国心理学会颁发的心理学杰出贡献奖，1975 年获计算机领域最高荣誉——图灵奖，1978 年获诺贝尔经济学奖，1986 年获美国科学管理特别奖——总统科学奖。在一系列广泛的领域中都有杰出贡献，是当代少见的博学家。其主要著作有：《管理行为》、《组织》、《人的模型》、《管理决策新科学》、《人工科学》、《有限理性模型》等，内容涉及政治学、经济学、管理学、社会学、心理学、运筹学、计算机科学等众多学科。曾多次来中国讲学，1994 年成为中国科学院首批外籍院士之一。为表达对中国的感情，他还给自己取了个中文名字“司马贺”。

练 习 题

1. 某地欲建厂，有三种方案可供选择，并存在三种自然状态。相关投资数据如下表所示：

	e_1	e_2	e_3
s_1	3	7	3
s_2	6	5	4
s_3	5	6	10

试分别用悲观准则、乐观准则、均等准则进行决策。

2. 某书店希望订购一部新出版的书籍，据以往经验，新书的销售数可能为 50、100、150、200 册。已知每册书订价 4 元，售价 6 元，剩书处理价 2 元。试分别用悲观准则、乐观准则、均等准则确定该书的订购数量。

思 考 题

1. 尝试从决策论角度分析一些历史人物在当时所做的决策。

2. 尝试用决策论分析和解决自己在生活中遇到的一些决策问题。

第九章　对抗还是合作？ 对策论/博弈论

第1节　历史缘起

一、概述

上一章所讨论的决策问题，都是由决策者根据客观的自然状态来选择方案，即，决策者是面临无理智对象的各种可能情况来进行决策。但是，在人类社会中，却普遍存在着各种各样具有竞争与对抗性的活动。如，日常生活中的下棋、打牌、儿童游戏、体育比赛乃至商业竞争、政治谈判、军事战斗等等。这类活动中有一个共同的特征就是，竞争与对抗的各方均是有理智的，且各方都带有不同的目标和利益。为争取实现自身的目标和利益，需要与有理智的对手进行较量。较量的过程是试图探究对手可能采取的行动方案，并力图选取对自己最为合适的行动方案，谁胜谁负则是较量的结果。这类现象称为对策或博弈，人们在其中表现出来的行为则称为对策行为，而对策论或博弈论(英文 Game Theory 的不同译法)就是研究这类竞争性行为问题的数学理论与方法。当然，如果把自然界等客观环境也看成有“理智”的话，那么，也可以用对策论的理论与方法去研究决策问题。

对策现象虽然古已有之，但从理论上作严格的讨论却起始于 20 世纪。1912 年，德国数学家 E.Zermelo 研究了国际象棋的 3 种走法；1921 年，法国数学家 E. Borel 引入了“最优策略”等概念；1928 年，美籍匈牙利人 Von Neumann 证明了对策论的基本定理：最大值最小值定理；1944 年，Von Neumann 与奥地利经济学家 Oskar Morgenstern(1902—1977)合写了长篇巨著《博弈论与经济行为》一书，建立起了对策论的基本理论，奠定了对策论研究的基础，标志着现代博弈论的诞生。

由于对策现象多种多样，所以描写它们的模型也形形色色，但最基本、也最重要的一类就是矩阵对策，在理论研究和求解方法上都已相当完善。

二、重要人物

1. 约翰·冯·诺依曼（John Von Neumann，1903—1957），出生于匈牙利的美国籍犹太人数学家，现代计算机创始人之一和“博弈论之父”。从小聪颖过人，兴趣广泛，读书过目不忘。据说6岁时就能用古希腊语同父亲闲谈，一生掌握了七种语言。1930年前往美国，后入美国籍。22岁时获数学博士学位，并先后获普林斯顿大学、宾夕法尼亚大学、哈佛大学、伊斯坦布尔大学、马里兰大学、哥伦比亚大学和慕尼黑高等技术学院等校的荣誉博士，是美国国家科学院、秘鲁国立自然科学院和意大利国立林且学院的院士。1951年至1953年任美国数学会主席，1954年任美国原子能委员会委员。1937年获美国数学会的波策奖，1947年获美国总统功勋奖章、美国海军优秀公民服务奖，1956年获美国总统自由奖章和爱因斯坦纪念奖以及费米奖。1957年2月8日，因癌症在华盛顿去世，享年54岁。冯·诺依曼在数学、物理学、经济学等诸多领域都进行了一系列开创性的工作，早期以算子理论、量子理论、集合论等方面的研究闻名，开创了冯·诺依曼代数。第二次世界大战期间，为第一颗原子弹的研制作出了贡献。其对人类的最大贡献在于计算机科学与技术以及数值分析方面的开拓性成果，为研制电子计算机提供了基础性的方案。1946年诞生的世界上第一台电子计算机，其综合设计思想，便来自著名的“冯·诺依曼机”，它标志着电子计算机时代的真正开始，并因此而被西方人誉为“计算机之父”。

图9.1　博弈论之父冯·诺依曼

2. 约翰·纳什(John Forbes Nash Jr.，1928—2015)，继冯·诺依曼之后最伟大的博弈论大师之一。1928 年 6 月 13 日生于美国西弗吉尼亚州的一个中产阶级家庭，1948 年获硕士学位，1950 年获美国普林斯顿高等研究院的博士学位。“纳什均衡”是他 21 岁时在其博士论文中提出的博弈理论，这篇仅仅 27 页的博士论文奠定了他数十年后获得诺贝尔经济学奖的基础。1951 年时，认识一位来自萨尔瓦多的物理学学生 Alicia Lopez-Harrison de Lardé。他们于 1957 年成婚，后因纳什患精神分裂症而于 1963 年离婚。直至 2001 年，纳什夫妇才破镜重圆。早在 1958 年，纳什就因其在数学领域的优异工作被美国《财富》杂志评为新一代天才数学家中最杰出的人物。由于“纳什均衡”的提出和

图 9.2　约翰·纳什

图 9.3　《美丽心灵》电影海报

不断完善，为博弈论广泛应用于经济学、管理学、社会学、政治学、军事科学等领域奠定了坚实的理论基础，因此，1994 年时，他和另两位博弈论大师约翰·海萨尼（美国）以及莱因哈德·泽尔腾（德国）共同获得了诺贝尔经济学奖。2002 年 8 月 13 日，这位传奇人物受聘为青岛大学的名誉教授，并参加了首次在我国召开的第 24 届国际数学家大会。其传奇而坎坷的人生经历被改编成电影《美丽心灵》，并获得 2002 年奥斯卡最佳电影奖，且由此而使得其成为在我国风靡一时的明星人物。2015 年 5 月 24 日，纳什夫妇不幸遭遇车祸，在美国新泽西州双双离世。

第 2 节　田忌赛马

我国古时候著名的"田忌赛马"故事是一个典型的对策或博弈案例，据《史记·孙子吴起列传》记载，孙膑到齐国后，"齐将田忌善而客待之。忌数与齐诸公子驰逐重射。孙子见其马足不甚相远，马有上、中、下辈。于是孙子谓田忌曰：'君弟重射，臣能令君胜。'田忌信然之，与王及诸公子逐谢千金。及临质，孙子曰：'今以君之下驷与彼上驷，取君上驷与彼中驷，取君中驷与彼下驷。'既驰三辈毕，而田忌一不胜而再胜，卒得王千金。"

这个故事叙述的是战国时期，齐威王与大将田忌赛马，双方约定：从各自的上、中、下三个等级的马中各选一匹马出场比赛，输者要付给赢者一千金。已知田忌的马要比齐王同一等级的马差一些，但比齐王等级较低的马却要强一些。因此，如用同等级的马对抗，田忌必连输三场，失三千金无疑。田忌的谋士孙膑给田忌出了个主意：每局比赛前先了解齐王参赛马的等级，再采用下等马对齐王上等马、中等马对齐王下等马、上等马对齐王中等马的策略。比赛结果，田忌二胜一负，最终赢得一千金。

当时齐国的国君已非姜太公（吕尚）的后代，而是田氏一脉，相关世系传承可参见表 9.1 和表 9.2 所示。

表9.1　齐国世系表

称号	姓名	在位时间
齐太公	吕尚	前1046年—前1015年
齐丁公	吕伋	前1014年—前976年
刘乙公	吕得	前975年—前932年
齐癸公	吕慈母	前931年—前880年
齐哀公	吕不辰	前879年—前868年
齐胡公	吕静	前867年—前860年
齐献公	吕山	前859年—前851年
齐武公	吕寿	前850年—前825年
齐厉公	吕无忌	前824年—前816年
齐文公	吕赤	前815年—前804年
齐成公	吕脱	前803年—前795年
齐前庄公	吕购	前794年—前731年
齐釐公	吕禄甫	前730年—前698年
齐襄公	吕诸儿	前697年—前686年
齐前废公	吕无知	前686年
齐桓公	吕小白	前685年—前643年
齐中废公	吕无诡	前643年
齐孝公	吕昭	前642年—前633年
齐昭公	吕潘	前632年—前613年
齐后废公	吕舍	前613年
齐懿公	吕商人	前612年—前609年
齐惠公	吕元	前608年—前599年
齐顷公	吕无野	前598年—前582年
齐灵公	吕环	前581年—前554年
齐后庄公	吕光	前553年—前548年
齐景公	吕杵臼	前547年—前490年
齐晏孺子	吕荼	前489年
齐悼公	吕阳生	前488年—前485年
齐简公	吕壬	前484年—前481年

续表

称　号	姓　名	在位时间
齐平公	吕　骜	前480年—前456年
齐宣公	吕　积	前455年—前405年
齐康公	吕　贷	前404年—前379年[注]
齐太公	田　和	前386年—前384年
齐废公	田　剡	前383年—前375年
齐桓公	田　午	前374年—前357年
齐威王	田因齐	前356年—前320年
齐宣王	田辟疆	前319年—前301年
齐湣王	田　地	前300年—前284年
齐襄王	田法章	前283年—前265年
齐王建	田　建	前264年—前221年

注:齐康公为末代,被田齐篡位后流放到海岛上自生自灭,政权已归齐太公了,故历史上对齐康公一直记载到其去世。

表9.2　田齐世系表

田氏齐国妫姓田氏

次序	谥　号	名	在位时间	年数	备　注
1	田敬仲	完			陈厉公之子,奔齐,改陈氏为田氏
2		稚			又作田孟夷
3		湣			又作田孟庄、田孟芷、闽孟克
4	田文子	须无			始为大夫
5	田桓子	无宇			
6	田武子	开			
7	田釐子	乞			又作田僖子
8	田成子	恒			
9	田襄子	盘			
10	田庄子	白	?—前411年		
11	田悼子	某	前410年—前405年	6	
12	齐太公	和	前404年—前384年	21	前391年,自立为齐君,放逐齐康公

第3节　基本概念

一、对策三要素

1. 局中人

在一局对策中，有决策权的参与者（个人或集团）称为局中人。

只有两个局中人的对策称为二人对策，如前述田忌赛马的例子就是二人对策，局中人是齐王和田忌。

对策中的局中人可以是个人，也可以是利益完全一致的集团（如球队、企业等）。

2. 策略

一局对策中，每个局中人都有若干供自己选择的可行方案，这些方案的全体构成策略集。局中人 k 的策略集记作 S_k，通常，策略集中至少包含两个策略。

在赛马例子中，齐王和田忌为对抗的两个局中人，各方对自己选出的三匹马安排一个上场参赛的次序，即为一个策略。显然，每个局中人都有以下 6 种策略：

上中下　上下中　中上下　中下上　下中上　下上中

双方的策略集相同。

对照上述 6 个策略，可表达为：

$$S_1 = \{\alpha_1, \alpha_2, \cdots, \alpha_6\}, S_2 = \{\beta_1, \beta_2, \cdots, \beta_6\}。$$

3. 赢得函数

一局对策中，局中人各自选定一个策略与对方对阵，从而构成一个局势。

在赛马例子中，(α_i, β_j) 就是一个局势，其中，$i.j = 1, 2, \cdots, 6$。

局势一定，对策的结果也随之确定。因此，对策的结果就是局势的函数。

对各局中人而言，对策结果不外乎胜负输赢，可以统称为得失。得与失相对，得方赢入则失方支付。因此，描述对策结果的函数就称为赢得函数或支付函数。

二、对策分类

对策可以从不同的角度进行分类。如：按局中人的数目多少来分，可以分为二人对策和多人对策；按策略集中元素数目来分，可分为有限对策和无限对策；按局中人得失之和值来分，可分为零和对策与非零和对策；按策略与时间的关系来分，可分为静态对策与动态对策；按对策的数学模型来分，可分为矩阵对策、连续对策、微分对策、随机对策、模糊对策等等。

前述的“田忌赛马”对策就属于二人有限零和对策，也称矩阵对策。矩阵对策又分为两种：纯策略对策与混合策略对策。

第4节　纯策略对策

一、矩阵对策特点

1. 两个局中人分别用Ⅰ、Ⅱ表示，且双方都只有有限个策略可供选择。设局中人Ⅰ有 m 个策略，局中人Ⅱ有 n 个策略，策略集分别表示为：

$$S_1 = \{\alpha_1, \alpha_2, \cdots, \alpha_m\},$$

$$S_2 = \{\beta_1, \beta_2, \cdots, \beta_n\}。$$

2. 每次对策中，局中人Ⅰ的“得”就是局中人Ⅱ的“失”，得失之和为零。当局中人Ⅰ采用策略 α_i，而局中人Ⅱ采用策略 β_j 时，就形成一个局势(α_i, β_j)。设局中人Ⅰ的得为 a_{ij}（$a_{ij} > 0$ 是Ⅰ实际所得，$a_{ij} = 0$ 是Ⅰ不得不失，$a_{ij} < 0$ 是Ⅰ实际所失），于是局中人Ⅱ的得为$-a_{ij}$。因此，只须写出Ⅰ的所得即可。矩阵

$$A = \begin{bmatrix} a_{11} & a_{12} & \cdots & a_{1n} \\ a_{21} & a_{22} & \cdots & a_{2n} \\ \cdots & \cdots & \cdots & \cdots \\ a_{m1} & a_{m2} & \cdots & a_{mn} \end{bmatrix}$$

称为局中人Ⅰ的赢得矩阵。

当两个局中人各自的策略集以及局中人Ⅰ的赢得矩阵确定后，一个矩阵对策就形成了。于是，矩阵对策的数学模型可表示为：

$$G = \{\text{Ⅰ}, \text{Ⅱ}; S_1, S_2; A\},$$

简记作 $G=\{S_1, S_2; A\}$。

若写成表格形式，则称为矩阵对策的对策表。如，在“田忌赛马”实例中，设齐王为局中人Ⅰ，田忌为局中人Ⅱ，则其对策表可写为：

表 9.3

	β_1	β_2	β_3	β_4	β_5	β_6
α_1	3	1	1	1	1	−1
α_2	1	3	1	1	−1	1
α_3	1	−1	3	1	1	1
α_4	−1	1	1	3	1	1
α_5	1	1	−1	1	3	1
α_6	1	1	1	−1	1	3

二、最优纯策略

这里，我们以一个简单例子来阐述最优纯策略的概念。

【例 9.1】 有甲、乙两队进行球赛，双方各自可排出三种不同的阵容。设甲队为局中人Ⅰ，乙队为局中人Ⅱ，每一种阵容为一个策略，有 $S_1=\{\alpha_1, \alpha_2, \alpha_3\}$，$S_2=\{\beta_1, \beta_2, \beta_3\}$。根据以往两队比赛的记录，甲队得分情况的赢得矩阵为

$$A=\begin{bmatrix} 3 & 1 & 2 \\ 6 & 0 & -3 \\ -5 & -1 & 4 \end{bmatrix}$$

问：比赛中，双方应如何对阵？

【解】 可以看出，Ⅰ最多可得 6 分。于是，Ⅰ为得 6 分而选 α_2。但是，Ⅱ推测Ⅰ会有此心理，从而选 β_3 来对付，使得Ⅰ非但得不到 6 分，反而要失去 3 分。当然，Ⅰ也会料到Ⅱ会有此心理，从而改选 α_3，以使Ⅱ欲得 3 分而反失 4 分。在如此这般的反复对策过程中，各局中人如果不想冒险，就应考虑从自身可能出现的最坏情况下着眼，去选择一种尽可能好的结果，这就是所谓“理智行为”。按照这个各方均避免冒险的观念，就能形成如下的推演过程。

选出Ⅰ在各个策略下的最少赢得，即 A 中各行的最小数 1，−3，−5，为了多得分，故求这些最小数中的最大者 $\max\{1, -3, -5\} = 1$，其所对应的 α_1，即为Ⅰ在最坏情况下，所能得到最好结果的策略。此时，无论Ⅱ取哪个策略，Ⅰ的得分不会少于 1。

同理，选出Ⅱ在各个策略下的最大支付，即 A 中各列的最大数 6，1，4，为了少失分，故求这些最大数中的最小者 $\min\{6, 1, 4\} = 11$，其所对应的 β_2，即为Ⅱ在最坏情况下，所能得到最好结果的策略。此时，无论Ⅰ取哪个策略，Ⅱ的失分不会超过 1。

这样，就找到一个对双方来说都是最稳妥的方案：

Ⅰ取 α_1，Ⅱ取 β_2，构成局势(α_1, β_2)，得(失)为 1 分。

上述过程可表述如下：

$$
\begin{array}{cccccc}
 & \beta_1 & \beta_2 & \beta_3 & \min\limits_j & \\
\alpha_1 & 3 & 1 & 2 & 1^* & \\
\alpha_2 & 6 & 0 & -3 & -3 & \text{小中取大} \\
\alpha_3 & -5 & -1 & 4 & -5 & \\
\max\limits_i & 6 & 1^* & 4 & &
\end{array}
$$

大中取小

由此得到启示，对于一般矩阵对策，有如下定义。

【定义 9.1】 设有矩阵对策 $G = \{S_1, S_2; A\}$，其中，$S_1 = \{\alpha_1, \alpha_2, \cdots, \alpha_m\}$，$S_2 = \{\beta_1, \beta_2, \cdots, \beta_n\}$，$A = [a_{ij}]_{m\times n}$，若有

$$\max_i \min_j a_{ij} = \min_j \max_i a_{ij} = a_{i^* j^*} = v$$

则局势 $(\alpha_{i^*}, \beta_{j^*})$ 称为 G 在纯策略意义下的解，也称为 G 的鞍点；α_{i^*}、β_{j^*} 分别称为局中人Ⅰ和Ⅱ的最优纯策略；v 称为 G 的值，也称对策值。

对于例 9.1 而言，G 的解(鞍点)为(α_1, β_2)，α_1、β_2 分别为Ⅰ、Ⅱ的最优策略。对策值 $v = 1 > 0$，反映优势在Ⅰ方；若 $v < 0$，则优势在Ⅱ方；当 $v = 0$ 时，称为公平对策。

但并非每个矩阵对策一定都存在鞍点，我们来考察如下一个简单例子。

【例 9.2】 已知矩阵对策 G 中

$$A = \begin{bmatrix} 1 & 0 \\ -4 & 3 \end{bmatrix}$$

问：G 是否存在鞍点？

【解】 由于 $\max\limits_{i}\min\limits_{j} a_{ij} = 0, \min\limits_{j}\max\limits_{i} a_{ij} = 1$

不符合鞍点条件，因此，G 的鞍点不存在。

一般而言，若一个对策存在鞍点，则称该对策在纯策略意义下有解，对应的策略称为最优纯策略，它们所组成的局势称为平衡局势。

Von Neumann 最早证明了：有纯策略解与存在鞍点等价。这个著名结论所体现的基本理性思想，用通俗的话说，就是："抱最好的希望，做最坏的打算"。

第 5 节　混合策略对策

一、最优混合策略

当矩阵对策在纯策略意义下无解时，由于不存在鞍点，即不存在平衡局势，各局中人的决策就有一定的风险。因此，无理由只取某个策略而舍弃其余策略。此时，局中人应考虑按照预先确定的一组概率来选取其所有可能采用的策略。在这个意义上，纯策略对策是混合策略对策的特例。

混合策略可理解为，当局中人进行多次对策时所采取的各纯策略的频率。如果只进行一次对策，则混合策略可理解为局中人对各纯策略的偏好程度。

【定理 9.1】 矩阵对策一定存在混合策略意义下的解，即，混合策略必有解。

证明略。

二、矩阵对策求解方法

求解矩阵对策，首先检查是否存在鞍点。若有鞍点，则得到纯策略意义下的解；若无鞍点，再寻找混合策略意义下的解。

1. 优超原理

在赢得矩阵中，如果第 i 行各元素都不小于第 k 行相应的各元素，则称局中人Ⅰ的策略 α_i 优超于策略 α_k，此时，无论局中人Ⅱ采用哪一种策略，Ⅰ采用 α_i 不会比采用 α_k 差。同理，如果第 j 列各元素都不大于第 k 列相应的各元素，则称局中人Ⅱ的策略 β_j 优超于策略 β_k，此时，无论局中人Ⅰ采用哪一个策略，Ⅱ采用 β_j 不会比采用 β_k 差。

因而，在求解时，如有上述情形出现，则可将 α_k 从策略集中删去(即，把第 k 行元素划去)，或将 β_k 从策略集中删去(即，把第 k 列元素划去)。从而可缩小问题规模，使计算简化。

一般情况下，优超原理只是一种降阶技术，但如果精简之后，剩余元素仅有一个，则意味着已求得了对策的鞍点。

【例 9.3】 求解如下对策：

$$A=\begin{bmatrix}10 & -1 & 6\\ 12 & 10 & -5\\ 6 & -8 & 5\end{bmatrix}$$

【解】 检查各列元素大小，发现可划去第 1 列，得到

$$\begin{bmatrix}-1 & 6\\ 10 & -5\\ -8 & 5\end{bmatrix}$$

再检查各行，发现可划去第 3 行，得到

$$\begin{bmatrix}-1 & 6\\ 10 & -5\end{bmatrix}$$

这时，检查各行列，发现已无法继续优超，故原对策被降维简化为 2×2 规模。

2. 方程组试解法

利用方程组来求解最优混合策略的方程组试解法，往往能在很多场合下解决

问题。由于该方法涉及相关定理，细节从略。

【例 9.4】 田忌赛马对策求解。

【解】 显然，该对策不存在鞍点。观察各行各列元素，发现彼此相差不大，且策略间不存在优超关系。因此，可以设想局中人选取每个纯策略的可能性都存在，按相应方程组的解法，可得到：

齐王的最优混合策略 $X^* = (1/6, 1/6, 1/6, 1/6, 1/6, 1/6)^T$；

田忌的最优混合策略 $Y^* = (1/6, 1/6, 1/6, 1/6, 1/6, 1/6)^T$；

齐王的期望赢得为 1 千金，即，平均意义上而言，齐王一方是赢的，田忌一方是输的。（思考：这背后意味着什么？）

3. 2×2 公式法

设对策为 2 阶规模：

$$\begin{bmatrix} a_{11} & a_{12} \\ a_{21} & a_{22} \end{bmatrix}$$

若无鞍点，则 X^* 与 Y^* 中各分量必不为零（否则，即有鞍点）。则最优混合策略由如下公式给出：

$$x_1^* = \frac{a_{22} - a_{21}}{(a_{11} + a_{22}) - (a_{12} + a_{21})}, \ x_2^* = 1 - x_1^*,$$

$$y_1^* = \frac{a_{22} - a_{12}}{(a_{11} + a_{22}) - (a_{12} + a_{21})}, \ y_2^* = 1 - y_1^*,$$

$$v = \frac{a_{11}a_{22} - a_{12}a_{21}}{(a_{11} + a_{22}) - (a_{12} + a_{21})}.$$

【例 9.5】 求解例 9.3。

【解】 将例中化简所得的 2×2 矩阵元素代入上述公式，可得：

$$x_1^* = \frac{15}{22}, \ x_2^* = \frac{7}{22}; \ y_2^* = \frac{11}{22}, \ y_3^* = \frac{11}{22}; \ v = \frac{55}{22}$$

即，局中人Ⅰ和Ⅱ的最优混合策略为 $X^* = (15/22, 7/22, 0)^T$ 和 $Y^* = (0, 11/22, 11/22)^T$。

4. $2\times n$ 和 $m\times 2$ 图解法

当对策双方中的某一方策略个数为 2，而另一方策略个数大于 2 时，可以采用图解法来方便地求解。（细节从略）

5. 线性规划解法（从略）

6. 近似解法

近似解法是一种通过迭代来逐次逼近精确值的方法，也称 Brown 算法。其出发点是假设局中人进行多次重复对策，并始终理智地选取策略来进行计算，该过程可获得对策值和最优混合策略的近似值，且能满足所需要的精度。

算法基本思想为：在每一局中，各局中人都从自己的策略集中选取一个使对方获得最不利结果的纯策略，即，第 k 局对策的选择是使对方在前 $k-1$ 局中的累计所得（或所失）最少（或最多）。

这种可人工进行的近似计算方法发展于计算机技术尚未普及的早期年代，如今已使用得越来越少。

第 6 节　非零和对策

除了前面所讨论的二人零和对策，现实生活中往往还会出现多人对策的问题，其中，各个局中人的赢得函数之和不一定为零，如，许多经济过程中的对策模型常常是非零和的。就二人对策而言，非零和意味着对一个局中人好的未必就对另一局中人不好，两个局中人的行动不一定完全互反，可以在各自策略为对方所知晓中获得益处。

多人的非零和对策一般有合作与非合作之分。

一、非合作对策

为便于理解，我们用著名的"囚徒困境"（The Prisoner's Dilemma）例子来作一简单的分析和说明。

【例 9.6】 （囚徒困境）有位富翁在家中被杀，财物被盗。警方在侦破过程中，抓到两个犯罪嫌疑人，但他们矢口否认杀过人。鉴于缺乏证据，警方寄希望于嫌犯自己招供，于是就将两人隔离，分别审讯，并告知政策如下："如果你招供，另一人没招，则你释放，另一人判 20 年；若你不招，另一人招了，则你判 20 年，另一人释放；若两人都招，则证据充分，各判 10 年；若两人都不招，则因杀人罪证据不足，偷盗罪证据确凿，故各判 1 年。"于是，这两个囚犯都面临了两个选择：或者供出他的同伙（即与警察合作，从而背叛他的同伙），或者保持沉默（也就是与他的同伙合作，而不是与警察合作）。

按照承认和不承认 2 种策略，可以写出两人的赢得矩阵：

$$A=\begin{bmatrix}-10 & 0\\ -20 & -1\end{bmatrix},\ B=\begin{bmatrix}-10 & -20\\ 0 & -1\end{bmatrix}$$

他们是选择互相合作还是互相背叛？

从表面上看，他们应该互相合作，保持沉默，因为这样的话，两人都能得到最好的结果：各判 1 年。

但他们不得不仔细考虑对方可能采取什么选择：对 A 犯而言，如果他选择了沉默，则他无法相信他的同伙不会向警方提供对他不利的证据，然后获得自由，让他独自坐牢；但他也意识到，他的同伙也不是傻子，也会这样来设想他。所以，A 犯的结论是，唯一理性的选择就是背叛同伙，把一切都告诉警方，因为如果他的同伙笨得只会保持沉默，那么他就会是那个获得自由的幸运者了，而如果他的同伙也按这个逻辑向警方交代了，那么，A 犯反正也得服刑，起码他不必坐 20 年的牢。于是最终结果就是，这两个囚犯都得坐 10 年牢。

该问题最早由 A.W.Tucker 提出，对它的研究涉及了数学、经济学、政治学、社会学、哲学、伦理学、心理学甚至计算机科学等广泛的领域，其中所展示的个体理性与集体理性之间的冲突、个人利益与社会道德的关系等，都进一步深化了人们的有关认识，非常耐人回味。

就囚徒困境而言，唯一的均衡点是两人都认罪，但从赢得矩阵来看，这显然不是最有利的，最佳结果是两人都不认罪，可是在非合作条件下，这个最好的结局是难以达到的。用经济学的话语来说，就是个体理性选择的结果不符合集体理性的要求。

当然，在现实世界里，信任与合作很少达到如此两难的境地。谈判、人际关系、强制性的合同和其他许多因素都能左右当事人的决定，但囚徒的两难境地确实抓住了不信任和需要相互防范背叛这种现实冷酷的一面。

其实，人们在生活中处处都有囚徒困境：

幼儿园小朋友互相分享玩具（给他人玩，不给他人玩）；

情窦初开的男女相互表露真情（表白，不表白）；

公共区域的卫生（不扔垃圾，扔垃圾）；

老板与下属的关系（信任，不信任）；

生意场上的非正式合同或君子协定（不违约，违约）；

竞争对手间的价格战（不降价，降价）；

国家间的对抗（和平，战争）；

……

虽然括号内的前者都是各自想要达到的目标，但自私（理性选择）的结果却是大家不得不接受后者。

小朋友仍在自己玩自己的玩具，虽然慢慢有点厌烦；

韶华已逝的男女偶然发现当年对方暗恋的都是自己，徒呼奈何；

你扔垃圾我也扔垃圾的结果是公共区域难以找到下足之地；

害怕下属营私而事必躬亲的老板丧失了业务机会；

怕对方违约的商人自己也没有做成买卖；

怕竞争对手降价后独占市场的商家们竞相减价，把行业做烂；

怕吃亏的国家之间也是永远战火连绵。

冷战时期两个超级大国将自己锁定在一场长达40余年的军备竞赛中，其结果对双方都造成损害。

这些结局都从一个角度表明了，人类过度依赖理性或过度依赖感性都会出问题。

二、合作对策

无论在自然界还是在人类社会，“合作”都是一种随处可见的现象。其意义在于，合作行动比分开行动得益要大。由于合作需要付出代价，因此就产生了交易谈判。

为了研究到底是何种机制促使生物体或者人类进行相互合作，在美国曾经组织过一场计算机编程竞赛。该竞赛的要求非常简单：所有参赛者都扮演“囚徒困境”案例中一个囚犯的角色，将自己的策略编入计算机程序。然后，他们的程序会被成双成对地融入不同的组合，分组后，参与者就开始运行“囚徒困境”游戏，每个人都需要在合作与背叛之间做出选择。这个游戏被反复运行许多次，即所谓的“重复囚徒困境”，并允许程序在作出合作或背叛的抉择时参考对手程序前几次的选择，更为逼真地反映了具有经常而长期性的人际关系。如果这种重复的游戏只运行一个回合，则背叛显然就是唯一理性的选择。但如果两个程序已交手多次，则双方就建立了各自的历史档案，用以记录与对手的交往情况，树立了或好或差的声誉。

令人吃惊的是，竞赛的桂冠最终属于其中最简单的一种策略：一报还一报（Tit for Tat）。其思想是：总是以合作开局，但之后就采取“以其人之道还治其人之身”的策略。即，从“善意”和“宽容”出发，永远不先背叛对方；但同时又是“强硬的”，允许采取背叛的行动来惩罚对手前一次的背叛，从而使得对手一望便知其用意何在。从这个意义上说，它又是“简单明了的”。

竞赛的结论提醒我们：好人，或者确切地说，具备“善意、宽容、强硬、简单明了”这些特征的人，最终会是赢家。

“一报还一报”策略的胜利对人类（或其他生物）合作行为的形成所具有的深刻含义是显而易见的，它导致了社会各个领域的合作，包括在最无指望的环境中的合作。例如，第一次世界大战中自发产生的“自己活，也让他人活”的原则。由于当时敌对军队都已陷入困境数月，前线战壕里的军队就约束自己不开枪杀对方，只要对方也这么做，这样就给了他们之间相互适应的机会。

“一报还一报”的相互作用也使自然界即使没有智能也能产生合作关系。例如:真菌从地下的石头中汲取养分,为海藻提供了食物,而海藻反过来又为真菌提供了光合作用;金蚁合欢树为某种蚂蚁提供了食物,而这种蚂蚁反过来又保护了该树;无花果树的花是黄蜂的食物,而黄蜂反过来又为无花果树传授花粉,将树种撒向四处。

广义而言,共同演化会使"一报还一报"的合作风格蔚然成风。假设少数采取"一报还一报"策略的个体在这个世界上通过突变而产生了,那么,只要这些个体能互相碰见,就足以在今后的相逢中形成利害关系,它们会开始形成小型的合作关系。一旦发生了这种情况,它们就能远胜于其周围那些"背后藏刀"的类型,这样,参与合作的个体就会增多。很快地,"一报还一报"式的合作会最终占据上风。而一旦建立了这种机制,相互合作的个体就能生存下去。如果不太合作的类型想侵犯和利用它们的善意,"一报还一报"策略强硬的一面就会狠狠加以惩罚,使其无法扩散影响。这种机制类似于我们中国人所说的"己所不欲,勿施于人",但前提是"人所不欲,勿施于我"、"人若犯我,我必犯人"。

大智若愚,大赢若输。我们先人所说的"仁者无敌"并不是说他能战胜所有的敌人,而是他根本就没有敌人,或者说,他战胜的是人类与生俱来最为凶险的敌人——自身的贪婪。

第 7 节　博弈论与当代经济学

由于国内经济学界往往把对策论称为博弈论,或者,已经带有默契地在某些特定场合将非零和的多人对策统称为博弈论,这里,我们改用博弈论的称呼来简述其在经济学中的影响。

博弈论根据其所采用的假设不同而分为合作博弈理论和非合作博弈理论,前者主要强调团体理性,而后者主要研究人们在利益相互影响的局势中如何选择使自己收益最大的策略,即策略选择问题,强调的是个人理性。

虽然博弈论最初作为数学的一个分支而出现,但是它在军事、政治、经济等许多方面都有着重要的应用。随着当代经济学越来越转向人与人关系的研究,特别是人与人之间行为的相互影响和相互作用,人与人之间的利益和冲突、竞争与合作，博弈论在经济学里的运用最多、也最为成功。

1994年10月12日，瑞典皇家科学院宣布将该年度诺贝尔经济学奖授予约翰·纳什(John Nash Jr.)、约翰·海萨尼(John Harsanyi)和莱因哈德·泽尔腾(Reinhard Selten)三人，以表彰他们把博弈论应用于现代经济分析所作的卓越贡献。其中，Nash曾于2002年来我国参加国际数学家大会的"对策论及其应用"卫星会议。取材于同名传记的以他为主人公原型的影片《美丽心灵》(环球公司2001年出品)也获得包括第74届奥斯卡金像奖在内的四项大奖，影片艺术地再现了这位数学天才于罹患妄想型精神分裂症30多年又奇迹般恢复的传奇人生故事，震撼了全世界人们的心灵，并由此使得银幕背后的人物原型Nash成了媒体关注的焦点。

在现代生活中，博弈论越来越广泛地应用于经济、军事等领域，从数学的神殿走入大众的生活。博弈论成为聪明理智的决策者认识、研究和解决现代市场经济条件下冲突与合作的利器，被人们称作"纪念人类文明发展的十八座里程碑之一"。

正是在Nash获得诺贝尔奖的1994年，美国政府拍卖了无线波谱频道许可证，这些许可证确保美国各个主要城市拥有3个相互竞争的移动通信服务供应商。这场拍卖会是由一群年轻的经济学家设计的，他们使用的就是Nash等人创造的方法。拍卖取得了极大的成功，被认为是有史以来经济学原理应用于公共政策方面最成功(且利润最丰厚)的典范之一。而在新西兰，同样的拍卖会，由于没有应用博弈论，结果损失巨大，一个大学生用1块钱投标，居然得到了一个小城市的电视许可证，原因是没有其他人参与竞争。

我们经常会遇到各种各样的家电价格大战，如，曾经的彩电大战、冰箱大战、空调大战等。这种厂家价格大战的结局就是一个Nash均衡，而且价格战的结果是谁都没钱赚，因为博弈双方的利润正好是零。这个结果可能对消费者有利，但对厂商而言则是灾难性的。

任何一个国家在国际贸易中都面临着保持贸易自由与实行贸易保护主义的两难选择，这种贸易自由与壁垒问题，也是一个Nash均衡。这个均衡是贸易双方采取不合作博弈的策略，结果使双方因贸易战受到损害。A国若试图对B国进行进口贸易限制，比如提高关税，则B国必然会进行反击，也提高关税，结果谁也没有获得好处。反之，如A和B能达成合作性均衡，即从互惠互利的原则出发，双方都减少关税限制，则双方都能从贸易自由中获得最大利益，且全球贸易的总收益也增加了。

如果企业在生产中存在污染，但政府并没有管制的约束，企业为追求利润最大化，宁愿以牺牲环境为代价，也绝不会主动增加环保设备投资。所有企业都会从利己的目的出发，采取不顾环境的策略，从而进入Nash均衡状态。如果某个企业从利他的目的出发，投资治理污染，而其他企业依然无动于衷，那么该企业的生产成本就会增加，价格就要提高，其产品就没有竞争力，甚至还会破产。几十年来，我国一些企业盲目发展造成严重污染的情况就是如此。只有在政府加强污染管制时，企业才会采取低污染的策略组合。

在经济学领域，博弈论业已融入整个学科的主流，各种经济学教材和期刊杂志无不收入博弈论的内容。经济学家们已将博弈论作为最合适的分析工具来研究各类经济问题，诸如公共经济、国际贸易、自然资源经济、工业管理等等。如今，对博弈论的研究是如此广泛，以至于有人说，最新的经济学和管理学都已经用博弈论的理论和工具重写过了，而对博弈论的哲学思考甚至推动了人类思维模式的向前发展。

世事如棋局局新，生活中的人们如同棋手，其每个行为如在一张看不见的棋盘上布子，而精明的棋手们则相互揣摩，下出诸多精彩纷呈、变化多端的棋局。

【附记】 历届诺贝尔经济学奖获得者中与博弈论有关的人物

一、1994年度

获奖人：约翰·纳什(美国)、约翰·海萨尼(美国)、莱因哈德·泽尔腾(德国)。

贡献：在非合作博弈的均衡分析理论方面做出了开创性贡献，对博弈论和经济学产生了重大影响。

图 9.4　美国经济学家约翰·海萨尼

图 9.5　德国经济学家莱因哈德·泽尔腾

二、1996 年度

获奖人:詹姆斯·莫里斯(英国)、威廉·维克瑞(美国)。

贡献:詹姆斯·莫里斯在信息经济学理论领域做出了重大贡献,尤其是不对称信息条件下的经济激励理论;威廉·维克瑞在信息经济学、激励理论、博弈论等方面都做出了重大贡献。

图 9.6　英国经济学家詹姆斯·莫里斯

图 9.7　美国经济学家威廉·维克瑞

三、2001 年度

获奖人：迈克尔·斯彭斯（美国）、乔治·阿克尔洛夫（美国）、约瑟夫·斯蒂格利茨（美国）。

贡献：在不对称信息市场分析领域作出重要贡献。

图 9.8　美国经济学家迈克尔·斯彭斯

图 9.9　美国经济学家乔治·阿克尔洛夫

图 9.10　美国经济学家约瑟夫·斯蒂格利茨

四、2005 年度

获奖人：罗伯特·奥曼（以色列/美国）、托马斯·谢林（美国）。

贡献：通过博弈论分析加深了对冲突与合作的理解。

图 9.11　以色列经济学家罗伯特·奥曼

图 9.12　美国经济学家托马斯·谢林

五、2014 年度

获奖人:让·梯若尔(法国)。

贡献:对市场力量和监管的分析。

图 9.13　法国经济学家让·梯若尔

法国人让·梯若尔(Jean Tirole, 1953—　)是第 75 位获得诺贝尔经济学奖的经济学家,在法国和美国不同的大学获得过理学和经济学等学科的博士学位,现为法国图卢兹大学产业经济学研究所所长,同时还在巴黎大学、麻省理工学院担任兼职教授,并先后在哈佛大学、斯坦福大学担任客座教授。自 1984 年至今,担任《计量经济学》(Econometrica)杂志副主编。主要研究和教学领域遍及公司财务、国际金融、企业理论、博弈论、宏观经济学等,被誉为当代"天才经济学家"。其 20 多年学术生涯中所作出的贡献,足令任何经济学家瞠目:300 多篇高水平论文,11 部专著,内容涉及经济学的诸多重要领域——从宏观经济学到产业组织理论,从博弈论到激励理论,到国际金融,再到经济学与心理学的交叉研究,梯若尔都作出了开创性的贡献。他和弗登博格合著的《博弈论》自 1991 年出版之日起,便成为博弈论领域最具权威的研究生教材,对世界著名大学研究生的博弈论教育产生了重要影响,至今无人超越,仍是博弈论最前沿的教科书之一。

练　习　题

1. 甲、乙两名儿童玩游戏,双方可分别出拳头(代表石头)、手掌(代表布片)、两指(代表剪刀)。规则是:剪刀赢布片、布片赢石头、石头赢剪刀,赢者得 1 分。若双方所出相同,则算和局,均不得分。试列出儿童甲的赢得矩阵。

2. 甲、乙两人进行游戏,双方可分别伸出一、二或三个指头。规则是:用 k 表示两人伸出指头数之和。若 k 为偶数,则乙赢得 k 分;若 k 为奇数,则甲赢得 k 分。试写出甲的赢得矩阵。

思 考 题

1. 尝试用博弈论思想分析中美关系、中日关系、中欧关系。

2. 尝试用博弈论思想解释我国社会经济中的一些典型现象。

第十章　计算机软件：面向应用之路

第1节　LINDO/LINGO软件

一、简介

LINDO系列是一套专门用于求解数学规划问题的优化计算软件包，由美国LINDO系统公司(Lindo System Inc.)开发，其特点是执行速度快，易于输入、修改、求解和分析，在教育、科研和工业界得到了广泛的应用。

LINDO软件最早由Linus Schrage于20世纪80年代开发，在早期PC机的DOS环境下使用，随后陆续推出了GINO、LINGO和“What’s Best!”等一系列优化软件，现在一般仍用LINDO作为这些软件的统称。有关这些软件的最新发行版本、价格和其他信息都可从LINDO公司的网站http://www.lindo.com获取，其中提供了部分演示版或测试版软件供免费下载使用(含Windows、Mac、Linux三种平台)。演示版软件与正式发行版的主要区别在于，优化问题的规模(变量和约束个数)有着相应的限制。

1. LINDO

Linear Interactive and Discrete Optimizer的缩写形式，可用于求解线性规划、整数规划、二次规划和目标规划问题，其演示版可求解200个变量和100个约束规模以内的问题(整数规划限定在50×30以内)。LINDO的最终版本为6.1，之后不再更新而转型为LINGO。

2. LINGO

可用于求解线性规划、整数规划和非线性规划问题，其中，与LINDO不同的是，LINGO包含了内置的建模语言，允许以简练、直观的方式描述较大规模的优化问题，此外，在线性规划的求解算法上还增加了内点法等新一代算法，供选择使用，其演示版可求解 200 个变量和 100 个约束规模以内的问题(整数规划限定在 50×30 以内)。

2016 年的最新版本为：LINGO 16.0。

3. What's Best!

这是专为 Microsoft Office 开发的 Excel 组件，主要用于数据文件是由电子表格软件生成的情况，求解功能同 LINDO。

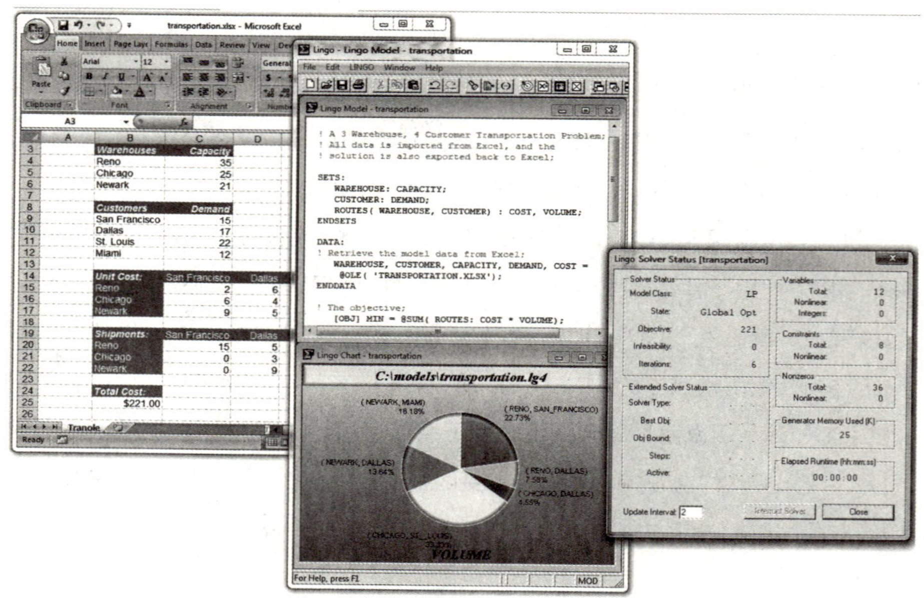

图 10.1　最新版 Lingo16.0 示意图

LINDO 系列软件发展至今已有多种版本，但其软件内核和使用方法大致类似，这里，介绍 Windows 环境下的 LINDO/LINGO 基本使用方法。

二、线性规划求解

【例 10.1】 已知线性规划模型如下：

$$\max z = x_1 + x_2 + x_3 + x_4$$

$$\text{s.t.} \begin{cases} x_5 + x_6 + x_7 + x_8 \geqslant 250\,000 \\ x_1 + x_5 \leqslant 380\,000 \\ x_2 + x_6 \leqslant 265\,200 \\ x_3 + x_7 \leqslant 408\,100 \\ x_4 + x_8 \leqslant 130\,100 \\ 2.85x_1 - 1.42x_2 + 4.27x_3 - 18.49x_4 \geqslant 0 \\ 2.85x_5 - 1.42x_6 + 4.27x_7 - 18.49x_8 \geqslant 0 \\ 16.5x_1 + 2.0x_2 - 4.0x_3 + 17.0x_4 \geqslant 0 \\ 7.5x_5 - 7.0x_6 - 13.0x_7 + 8.0x_8 \geqslant 0 \\ x_j \geqslant 0 (j = 1, 2, \cdots, 8) \end{cases}$$

LINDO数据输入：

```
max  x1＋x2＋x3＋x4
st （或 subject to)
x5＋x6＋x7＋x8＞= 250000
x1＋x5＜= 380000
x2＋x6＜= 265200
x3＋x7＜= 408100
x4＋x8＜= 130100
2.85x1－1.42x2＋4.27x3－18.49x4＞= 0
2.85x5－1.42x6＋4.27x7－18.49x8＞= 0
16.5x1＋2.0x2－4.0x3＋17.0x4＞= 0
7.5x5－7.0x6－13.0x7＋8.0x8＞= 0
end
```

【注】

(1) 目标函数极大化，则输入 max；目标函数极小化，则输入 min。

(2) 目标函数行与各约束条件之间必须有“Subject to(或 st)”这一行。

(3) 变量名不能超过 8 个字符。

(4) 变量与常系数的乘积,不必输乘号(在 LINGO 中则必须输入)。

(5) 所有含变量的项须在不等号(或等号)的左侧,常数项则在右侧。

(6) 模型中不能含有括号“()”和逗号“,”以及常数的四则运算表达式,如:$400(X1+X2)$ 需写成 $400X1+400X2$,$2X1+3X2-4X1$ 应写成 $-2X1+3X2$。

(7) 所有变量的非负性为 LINDO 默认规定,不必再作为约束输入。

(8) 模型输入以“end”作为结束行。

(9) 若某变量为自由变量,则需在结束行之后添一附加行:“free　变量名”。

(10) 若变量有上下界,则可在结束行之后添一附加行:“slb　变量名　数值”(下界)或“sub　变量名　数值”(上界)。

进行模型求解:可选择菜单中的求解功能或求解按钮进行。

主要结果输出:(需选择是否作灵敏度分析!)

LP OPTIMUM FOUND AT STEP 6

OBJECTIVE FUNCTION VALUE

1) 933400.0

VARIABLE	VALUE	REDUCED COST
X1	161351.734375	0.000000
X2	265200.000000	0.000000
X3	408100.000000	0.000000
X4	98748.265625	0.000000
X5	218648.265625	0.000000
X6	0.000000	0.000000
X7	0.000000	0.000000
X8	31351.734375	0.000000

NO.ITERATIONS＝6

主要结果含义：

(1)"LP OPTIMUM FOUND AT STEP 6"

LINDO 在(用单纯形法)6 次迭代或旋转后得到最优解。

(2)"OBJECTIVE FUNCTION VALUE 1) 933400.0"

最优目标值为 933400。

(3)"VALUE"

该列给出最优解中各变量的值。

三、非线性优化

【例 10.2】 求解下述非线性规划优化问题：

$$\min f(x) = (x_1 - 2)^2 + (x_2 - 1)^2$$

$$\text{s.t.} \quad \begin{cases} x_1 - 2x_2 + 1 = 0 \\ -\dfrac{1}{4}x_1^2 - x_2^2 + 1 \geqslant 0 \\ -1.82 \leqslant x_1 \leqslant 0.82 \\ -0.41 \leqslant x_2 \leqslant 0.92 \end{cases}$$

LINGO 数据输入：

```
min=(x1－2)^2+(x2－1)^2;
x1－2*x2+1=0;
－x1^2/4－x2^2+1>=0;
@bnd(－1.82, x1, 0.82);
@bnd(－0.41, x2, 0.92);
end
```

然后点击工具条上的求解按钮或菜单项 LINGO 里的 Solve 功能，可得到如下结果：

Local optimal solution found.

Objective value:	1.400500
Extended solver steps:	5
Total solver iterations:	21

Variable	Value	Reduced Cost
X1	0.8200000	−2.450000
X2	0.9100000	0.000000

即，最优目标函数值为 1.400 5，最优解 $X=(0.82, 0.91)^T$。

模型中的变量界定函数实现对变量取值范围的附加限制，Lingo 中共有 4 种：

@bin(x)	限制 x 为 0 或 1(对非线性规划无效)；
@bnd(L, x, U)	限制 L≤x≤U；
@free(x)	x 为自由变量(对非线性规划无效)；
@gin(x)	限制 x 为整数(对非线性规划无效)。

更多的细节和使用方法可参看软件自带的帮助文件或参考手册。

第 2 节　MATLAB 软件

一、简介

MATLAB 是矩阵实验室(Matrix Laboratory)的缩写，源自 20 世纪 70 年代中期美国人 Cleve Moler 及其同事开发的 FORTRAN 子程序库，主要用于线性代数的矩阵计算。由于深受学生欢迎，他们于 1984 年成立了 MathWorks 公司，将 MATLAB 推向了市场。

目前，MATLAB 以其强大的科学计算与可视化功能、简单易用、开放式可扩展环境，特别是所附带的几十种面向不同领域的工具箱(Toolbox)支持，使得在许多科学领域中成为计算机辅助设计和分析、算法研究和应用开发的首选平台。正是由于采用了开放型开发的思想，使得 MATLAB 能不断吸收各学科领域所开发的实用程序，形成了一套规模大、覆盖面广的工具箱，其中包括工程优化、统计分析、信号处理、图像处理、小波分析、系统识别、通信仿真、模糊控制、神经网络等许多现代工程技术学科的内容。

MATLAB 的基本数据单位是矩阵，其指令表达式与数学、工程中常用的形式十分相似，故用 MATLAB 来求解问题要比用 C、FORTRAN 等语言完成相同的事情简捷得多。MATLAB 中包括数百个内部函数和三十几种工具箱，工具箱又分为功能性工具箱和学科工具箱。功能工具箱用于扩充 MATLAB 的符号计算、可视化建模仿真、文字处理及实时控制等功能；学科工具箱则是专业性较强的工具箱，如：优化工具箱、信号处理工具箱、通信工具箱等都属于此类。除内部函数外，其他 MATLAB 文件和各种工具箱都是可读可修改的文件，用户可通过对源程序的修改或加入自己编写的程序来构造新的专用工具箱。

2016 年的最新版本为：MATLAB R2016a 和 R2016b。

二、优化工具箱

MATLAB 中的优化工具箱（Optimization Toolbox）中含有一系列的优化算法函数，这些函数拓展了 MATLAB 数字计算环境的处理能力，可用于求解许多工程实际中的优化问题，如：

- 线性规划和二次规划问题；
- 无约束非线性优化问题；
- 有约束非线性优化问题，包括极大—极小问题等；
- 多目标优化问题；
- 非线性最小二乘逼近和曲线拟合问题；
- 约束条件下的线性最小二乘优化问题；
- 非线性系统方程；
- 复杂结构的大规模优化问题。

这里，仅简单介绍如何应用 MATLAB 的优化工具箱来求解线性与非线性优化问题。

图 10.2　MATLAB R2016a 界面

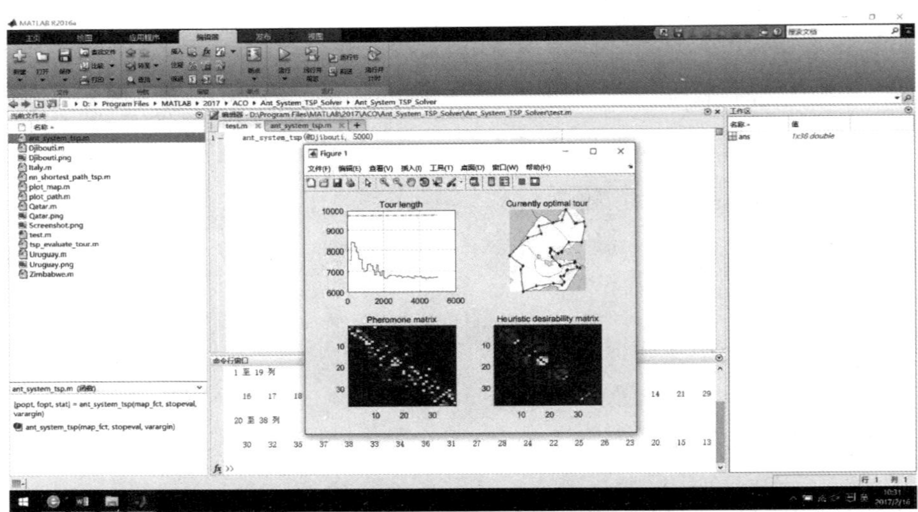

图 10.3　MATLAB R2016a 运行示意图

1. 线性规划求解

在 MATLAB 优化工具箱中，用于求解线性规划的函数为 linprog（早期版本中用函数 lp），优化问题的标准形式为：

$$\min z = f'x$$

$$\text{s.t}\quad Ax \leqslant b$$

具体用法如下：

【基本调用格式】

x=linprog(f, A, b)

x=linprog(f, A, b, Aeq, beq)

x=linprog(f, A, b, Aeq, beq, lb, ub)

[x, fval]=linprog(...)

【说明】

f：目标函数系数矩阵。

lb, ub：变量 x 的上下界。

fval：返回最优目标函数值。

【例 10.3】 求解如下线性规划问题：

$$\min z = -5x_1 - 4x_2 + 6x_3$$

$$\begin{aligned} \text{s.t}\quad & x_1 - x_2 + x_3 \leqslant 20 \\ & 3x_1 + 2x_2 + 4x_3 \leqslant 42 \\ & 3x_1 + 2x_2 \leqslant 30 \\ & x_j \geqslant 0 (j = 1, 2, 3) \end{aligned}$$

MATLAB 输入：

```
f=[-5; -4; -6];
A=[1, -1, 1; 3, 2, 4; 3, 2, 0];
b=[20; 42; 30];
lb=zeros (3, 1);
```

[x, fval]=linprog (f, A, b, [ ], [ ], lb);

输出结果：

x=

0.0000

15.0000

3.0000

fval=

−78.0000

2. 非线性无约束优化求解

$$\min f(x)$$

MATLAB 函数调用：

[x, fval]=fminsearch(@fun, x0, options)

或

[x, fval]=fminunc(@fun, x0, options)

其中，参数@fun 和 x0 是不可缺省的输入，options 为可选输入。@fun 给出目标函数的 m 文件名，x0 为初始点，x 为不可缺省的输出，即问题的解，fval 为输出的目标函数值。

【例 10.4】 求一维函数最小值：

$$\min f(x) = e^{-x^2} \cdot \sin(6x)$$

建立目标函数的 m 文件（MyObj.m）：

```
function y=MyObj(x)
y=exp(-x*x)*sin(6*x);
```

在命令窗口中键入：

```
>>x0=1;
>>[x, f]=fminsearch(@MyObj, x0)或
[x, f]=fminunc(@MyObj, x0)
```

运行后得：

x=

0.7448

f=

-0.5573

由于 MATLAB 软件一直在不断的更新升级中，有关的算法和函数也时常会有变动，更多细节及最新使用方法可参看软件自带的帮助文件或参考手册。

第 3 节　其他运筹学软件

除了前述提到的 LINDO 和 MATLAB 之外，在互联网上还能找到一系列的运筹学有关软件，包括商业软件、共享软件、自由软件，有些甚至还有源代码可供下载。这里，仅简要列举几个：

1. EXCEL

最常见的微软公司 OFFICE 套件中的电子表格软件。

语言界面：英文/中文。

有关功能：线性规划。

具体使用：可参考 EXCEL 的帮助文件或相关出版物。

2. MINOS

线性规划几种最好的商用软件之一。

语言界面：英文。

有关功能：线性规划、整数规划等。

具体使用：见软件配套的英文使用手册。

3. WinQSB

有较为全面的运筹学、管理科学求解功能，覆盖面广。

语言界面：英文。

有关功能：线性规划、整数规划、目标规划、动态规划、二次规划、非线性规划、网络模型、选址与布局、预测与线性回归、工件排序、库存论、PERT/CPM、Markcv

过程、MRP、质量控制、排队论等。

具体使用：可参看软件自带的英文帮助文件。

4. 运筹学/管理科学集成软件包

马良（教授）开发的运筹学、管理科学问题求解工具。

语言界面：中文。

下载网址：http://pan.baidu.com/s/1kVlSIEF

或个人博客置顶帖

http://blog.sina.com.cn/maliang1964

（自由软件，免费下载）

有关功能：软件主功能分五个大类：数学规划、网络优化、决策预测、货郎问题、混沌分形、趣味数学等，每个大类各包含了该类别的一些常见标准模型和问题，并提供了一个或多个求解算法，其中，部分问题还提供了遗传算法、模拟退火法、禁忌搜索法、蚁群算法等新型智能优化算法求解功能。

软件主要功能模块如下图所示：

线性方程组求解(K)	网络最短路问题(L)	层次分析法(R)	标准TSP(T)	Logistic映射(L)	八皇后问题(P)
线性规划问题(L)	网络次短路问题(N)	模糊综合评判(S)	瓶颈TSP(S)	双混沌映射(W)	哈诺塔问题(Q)
有界线性规划(M)	网络K-最短路问题(K)	集对分析决策(T)	双目标TSP(P)	三翅鹰映射(X)	完全数计算(R)
整数规划问题(N)	最小生成树问题(O)	平面选址问题(U)	最小比率TSP(Z)	国王映射(Y)	神奇四位数(S)
混合整数规划(O)	网络最大流问题(Q)	费马选址问题(V)	标准VRP(V)	Henon引力线(H)	开普勒方程(T)
线性目标规划(P)	最小费用流问题(R)	常用排队模型(W)		Mandelbrot分形(M)	生命游戏演示(U
模糊目标规划(Q)	图顶点着色问题(S)	安全库存决策(X)		Julia分形(J)	哥德巴赫猜想(V
多目标线性规划(R)	最大权匹配问题(T)	确定性库存论(Y)		Hilbert曲线(I)	幻方矩阵计算(W
线性运输问题(S)	最小树形图问题(U)	时间序列预测(Z)		Koch曲线(K)	生日概率计算(X
线性分配问题(T)	二次最小树问题(V)			IFS分形山脉(F)	三体问题计算(Y
线性背包问题(U)	度约束最小树问题(W)			IFS分形树(S)	夜过吊桥问题(Z
二人非零和对策(V)	双目标最小树问题(X)			分形植物态(Z)	
机器排序问题(W)	双目标最短路问题(Y)			Sierpinski海绵(E)	
一维下料问题(X)	最小K-生成树问题(Z)			Sierpinski三角形(R)	
二维下料问题(Y)	Min-Max度最优树(M)				
二次分配问题(Z)	P-中心(中位点)选址(P)				

图 10.4　软件功能模块图

软件主界面如下图所示，具体使用则可参看软件自带的中文帮助文件。

图 10.5 软件主界面

参 考 文 献

[1] J.J.摩特,S.E.爱尔玛拉巴.运筹学手册——基础和基本原理.上海:上海科学技术出版社,1987

[2] 钱颂迪等.运筹学.北京:清华大学出版社,1990

[3] 姚恩瑜等.数学规划与组合优化.杭州:浙江大学出版社,2001

[4] Z.Michalewicz, D.B.Fogel.如何求解问题——现代启发式方法.北京:中国水利水电出版社,2003

[5] 马良等.蚁群优化算法.北京:科学出版社,2008

[6] 堵丁柱等.近似算法的设计与分析.北京:高等教育出版社,2011

[7] W.J.Cook.迷茫的旅行商:一个无处不在的计算机算法问题.北京:人民邮电出版社,2013

[8] 马良(主编).基础运筹学教程(第二版).北京:高等教育出版社,2014

[9] 马良,张惠珍,刘勇等.高等运筹学教程.上海:上海人民出版社,2015

图书在版编目(CIP)数据

走进优化之门:运筹学概览/马良,刘勇,魏欣著
.—上海:上海人民出版社,2017
ISBN 978-7-208-14498-9

Ⅰ.①走… Ⅱ.①马… ②刘… ③魏… Ⅲ.①运筹学
Ⅳ.①O22

中国版本图书馆 CIP 数据核字(2017)第 111908 号

责任编辑 曹怡波
封面设计 张志全工作室

走进优化之门:运筹学概览
马良 刘勇 魏欣 著
世纪出版集团
上海人民出版社出版
(200001 上海福建中路 193 号 www.ewen.co)
世纪出版集团发行中心发行 常熟市新骅印刷有限公司印刷
开本 720×1000 1/16 印张 9 插页 2 字数 127,000
2017 年 6 月第 1 版 2017 年 6 月第 1 次印刷
ISBN 978-7-208-14498-9/O·3
定价 48.00 元